美酒復権

秋田の若手蔵元集団「ＮＥＸＴ５」の挑戦

一志 治夫

プレジデント社

美酒復権　秋田の若手蔵元集団「ＮＥＸＴ５」の挑戦

目次

装丁——————————岡本洋平（岡本デザイン室）
カバー写真（オビ、P206-207）——海老原俊之
章扉写真（プロローグ、第1章～第7章）——今津聡子
章扉写真協力（第8章）——————NEXT5

プロローグ

五人の帰郷

鵜養へと向かう清流「大又川」

五人が帰郷したとき、五つの蔵はそれぞれ、やるかたない事情を抱えていた。

ゆきの美人、

白瀑《しらたき》（山本）、

福禄寿《ふくろくじゅ》（一白水成《いっぱくすいせい》）、

新政《あらまさ》、

春霞《はるかすみ》。

秋田県内で酒造りをする五つの酒蔵《さかぐら》――。

三三〇年前から一〇〇年前と創業期こそ違えど、どの蔵も日本酒の先行きに暗雲を見、へたをすれば自分の代で蔵の歴史が途絶えるという崖っぷちに立っていた。

日本における日本酒の需要は、一九七五年を折り返し点に下降線を描き続けていた。五人が出会った二〇一〇年には、ピーク時の実に約三分の一にまで落ち込んでいた。

秋田県内の日本酒の消費量は、二〇歳以上の人口ひとりあたり全国二位と多いものの、全体の総消費量は減っている。秋田では人口減少に歯止めがかからず、人口減少率は全国で最も高く、ピーク時に一三五万人いた県人口は二〇一七年にはついに一〇〇万人を切るまでになっている。

そんな秋田に、五蔵五人の跡取りが東京から帰郷したのは、それぞれ以下の年代である。

ゆきの美人、小林忠彦、一九八七年。

白瀑（山本）、山本友文、二〇〇二年。

福禄寿（一白水成）、渡邉康衛、二〇〇一年。

新政、佐藤祐輔、二〇〇七年。

春霞、栗林直章、一九九五年。

五人に共通しているのは、先代つまり父親の跡を継ぐために戻ってきたということだ。

蔵の財政事情はどこも厳しかった。とりわけ山本友文の蔵は逼迫していた。手持ち資金は尽き果て、死亡保険金すらあてにせざるをえないところまで追い込まれていたのだ。他の蔵も似たり寄ったりで、いずれも、現状のままでいけば数年から一〇年以内に蔵が潰れるという状況は同じだった。

それぞれが出口を模索していた二〇〇七年、「新政」の佐藤祐輔が秋田に戻ってきて、酒造りにとりかかる。酒造り一年生の佐藤祐輔は、すぐ近くにある小林忠彦の蔵を訪ねては、疑問点をぶつけた。酒類総合研究所などで勉強を重ねてきたとはいえ、現場で自ら造るとなると勝手が違ったのだ。

一方、山本友文もまた、二〇〇七年、杜氏《とうじ》と袂を分かったことで、自分自身で醸《かも》さなければならない立場になっていて、わからないことがあれば小林に電話で尋ねたりしていた。すでに蔵元杜氏として自ら仕込みをしていた小林の言葉は身にしみた。

そんなつながりがあって、おのずと小林忠彦を中心とした輪ができ始めていた。山本友文と交流のあった「一白水成」の渡邉康衛、小林が声をかけた「春霞」の栗林直章も加わって、蔵元五人の会ができた。

五人の共通項は、誰もが単なる蔵元ではなく、蔵元杜氏、あるいは杜氏がいても、自らも、醸し人として酒造りに参加しているということだった。

小林が振り返る。

「県の酒造組合があって、蔵元同士、社長同士のつき合いというのはそれまでもあった。

でも、酒造りの話はできないんです。みんな酒造りを知らないから。祐輔とは、『これ、温度を下げたらこうなったんだけど』、って日常会話ができるけど、蔵元同士じゃできなくて、すごいストレスがたまっていた。だから、私は技術の話をし合えるような場がほしいな、と漠然と思っていた。みんなで技術とか情報を共有すれば、どんどん酒造りのレベルが上がっていくし、そうなれば秋田の酒のイメージアップにもなるな、と。勉強会みたいな感じで定期的に集まればいいかな、というのが最初のイメージでした」

五蔵五人が初めてそろったのは、二〇一〇年春のことだった。

会は、「NEXT5」と命名された。

「NEXT5」は、その年の秋に早くも五蔵で共同醸造酒をつくり、翌年発売。会の名前はすぐに断界で知れ渡り、やがてひとつの「ブランド」として日本酒界を牽引するまでになっていく。その活動は、多くの酒蔵に刺激を与え、他の地方でもまた、同じようなムーブメントを興していくことになるのである。

二〇一三年八月、五人は、フランスへと研修旅行に出かけている。

シャンパーニュ地方とブルゴーニュ地方の畑やこぢんまりとした蔵をまわりながら、小林は、そこに一筋の光を見出していた。

「シャンパーニュ地方はそれほど恵まれた土地じゃないし、ブドウも完熟しにくい。でも、シャンパン蔵に買ってもらえるということで、プレミアムがついて高値になっている。また、いまブルゴーニュのスターと言われているドメーヌが、昔から売れていたかというとそんなことはない。九〇年代に入ってから売れ始めたところだってある。でも、ドメーヌとしてブランド化できれば、あるいはスターと言われるような蔵になれれば、契約農家も潤うわけです。もちろん、穀物である米とブドウは決定的に違うけれど、我々のような小さい蔵が目指すのは、ブルゴーニュの生産者であるドメーヌのスタイルだと、このとき改めて確信しました」

「NEXT5」は、このの後ちの数年間、まさに小林忠彦の思い描いた通り、ブランド化を推し進めながら、秋田県内の農家とともに歩み始める。自前の田んぼを確保し、崩壊寸前の稲作農業と向き合う米農家に「いい酒米《さかまい》をつくれば潤う」と協力を願い出て、ドメーヌ化を進めていった。

「NEXT5」の五蔵は、互いに刺激を与え合いながら、止まることなく、美酒を次々と醸し、世に出していくことになる。

第1章
ゆきの美人
蔵元杜氏の誕生

秋田醸造株式会社　代表取締役社長・杜氏　小林忠彦（1961年生まれ）

秋田の大手酒造メーカーは、全国の他の酒蔵同様、一九七〇年代半ばに売り上げのピークを迎えている。

コマーシャルが象徴している。

秋田の大手「爛漫《らんまん》」では、一九七一年から吉永小百合を起用して全国コマーシャルを打ち、「両関」は大原麗子を用いているのだ。それぐらい、秋田発の日本酒は、広く愛飲され、売れに売れていたのである。

現在、秋田で飲まれている日本酒の総量は約一二万石（一石＝一八〇リットル）だが、七〇年代には、「爛漫」一社で一〇万石の酒を造っていたというから、当時の隆盛ぶりがうかがえる。

もっとも、戦前の秋田の酒の地位は、少し違う。小林忠彦はこう説明する。

「戦前は、県下一の繁華街である川反《かわばた》あたりに行くと、いい酒というのは、やっぱり、灘、伏見の酒で、川反の料亭前には、月桂冠の樽が置いてあったらしい。要するに高級なのは西の酒で、秋田はちょっと落ちる、と。それをなんとかしなきゃいけないと頑張った時代があったらしいんです。戦後にはもう秋田のお酒は強くなっていましたが」

「桶売り」からの脱皮

小林忠彦が秋田に帰郷したのは、日本酒がピーク時から下降線を描き始めて一〇年ほどが過ぎた一九八七年のことだった。

秋田醸造株式会社（「ゆきの美人」）が秋田市内で酒造りを始めたのは、祖父小林幸一の時代である。小林幸一は、戦前から酒造りの職人として働き、近くの「新政」で杜氏をつとめていた。その後、「新政」を辞め、一九一九年から経営者となって自ら酒蔵を興した。

小林忠彦は、秋田高校を卒業後、中央大学理工学部精密機械科に進学。当時、出始めたばかりのパソコンに没頭した。フォートラン、パスカル、C言語など高度なプログラミング言語を扱えたので、アルバイトには困らなかった。稼いだ金はもっぱら、日本酒ではなくワインにつぎ込み楽しんだ。百貨店や街の酒屋で手に入れては味の分析をする日々だった。「美味しいとは思えなかった」日本酒に手を出すことはまずなかった。

酒蔵を継ぐためにいずれ帰らなければならないのだろうと漠然と感じつつも、小林は、東京で求められるままに働いていたが、やがて卒業が近づくにつれ、実家の父・小林忠雄から盛んに帰ってこいと連絡が入るようになる。消費は下降線をたどっていたとはいえ、まだ日本酒はアルコール飲料の中核にあった。

「昭和の終わりぐらいって、日本酒飲んでいる人はまだすごく多かったし、のんびりやっていれば、食っていけるのかなというイメージはありました。まあ、それは大きな勘違いだったということがすぐにわかるんですけど」

実は、この頃、秋田醸造が商売の中心に据えていたのは、「桶《おけ》売り」と称されるものだった。「桶売り」は、たとえば製造能力が五万石しかない大手酒造メーカーが、一〇万石販売するときに、足りない五万石は他の酒蔵から買って、自前のブランドとして売るというOEM（Original Equipment Manufacturer）だ。秋田醸造は、自社ブランドではなく、他の大手メーカーの酒を造り、卸していたのだ。「桶売り」が八割五分に自社ブランドが一割五分といったところだった。

帰郷して実際に売り上げの詳細を調べてみると、そうやって大手メーカーに卸している酒は実に薄利であることがわかる。また、自社ブランドの酒にしても、無名の蔵ゆえ、結局、水面下で値引き交渉が行われ叩かれていた。テレビコマーシャルで名を売っているブランドは定価で販売できたが、どういう酒であるかを説明しなければならないような弱小酒蔵は、軽んじられ、ひたすら低価格であることが求められたのである。

小林は、帰郷してすぐにそんな厳しい現実を知った。「食っていける」と思っていた酒蔵は、実はかつかつのところで経営していたのだ。もっとも、危機的という水準まではきていなかった。というのも、一九八七年という年は、銀行がふんだんに運転資金を提供してくるバブルの助走期であり、日本酒を造っているというだけで金は貸してもらえたのだ。ましてや秋田醸造は秋田市の中心地に土地を持ち、含み資産もあったから障害はなかった。もっとも、いまなお当時の負債を引きずっている同業者があることからもわかるように、まったく適正の範囲を超えた貸し付けだったことがのちにわかるわけだが。

そんな、かろうじて安泰と言ってもいい時代を最初に脅かしたのは、一九八九年四月、竹下内閣によって施行された消費税法だった。このとき、同時に「酒類小売業免許要件」の変更があり、大型スーパーやディスカウントストアでの酒類販売が一気に広がる。特級酒という等級がなくなったのもこの年だった。その三年後には一級酒、二級酒という等級も廃止。自由化の波が酒蔵を襲った。ここから急激に日本酒の落ち込みが始まるのだ。

九〇年代の半ばを迎える頃には、日本酒の悲観的未来がはっきりと浮かび上がってくる。それまでビールを除く酒の中では大衆酒の王座にあったが、焼酎ブームなどもあって、ほどなくその地位から陥落。大手メーカーは減産を始め、「桶売り」の酒を次第に必要としなくなっていく。すなわちそれは、秋田醸造のように八割五分も「桶売り」に頼ってきたところの仕事がなくなるということだった。

「普通酒でやっていくのはきついと思っていたんですけど、かといって、吟醸酒、純米酒を地元発信で売れるような酒として造っていくのは難しい。東京に販路のコネがあるわけでもない。何か対策を考えてはダメ、考えてはダメという時間が続きました。でも、結局のところ、生き残る道は、特定名称酒（吟醸酒、純米酒、本醸造酒）しかないと思ってました。すでに、山形の『十四代』とかは、ヒットしてましたし」

しかし、そのためには大きな障壁があった。秋田醸造の木造の蔵は設備が古く、普通酒を造る分には問題はなかったが、本気で純米酒を手がけるとなると、微妙な温度管理など環境面で不安があったのだ。

「普通酒タイプの仕込みは、ある程度発酵温度が高いので、アルコール発酵が勝手に進んで酒になっちゃう。そうすると、味としては辛くなりすぎて飲めたもんじゃないんです。だから、そのあとにブドウ糖とかを入れて調整する。同じように純米酒を造るとなると、やはり辛い酒になるので、ブドウ糖ではなく甘酒を造っておいて、それを添加することになる。でも、本当に造りたかったのは、甘酒を添加するのではなく、温度を抑えて甘味を残すという、ちゃんとした純米酒だった」

マンションの中に酒蔵を

そんなときに、急浮上してきたのが、銀行から持ちかけられたマンションの建設計画だった。いまある秋田醸造の木造蔵を潰し、跡地にマンションを建て、その敷地内に新たに酒蔵をつくるという計画である。

小林は当初、一〇〇〇坪の土地の中にマンションと酒蔵を別々に建てたいと考えていた。しかし、建築基準法の規制で、それは不可能だということがわかる。マンションの部屋数、建坪率《けんぺいりつ》、容積率などを考えていくと、結局、一〇階建てマンション内に一体化した一八〇坪ほどの酒蔵をつくるしかないという結論に達する。

二〇〇一年一一月、マンションの一階につくられた新たな酒蔵には、最新の設備が備えられ、稼働し始める。生産可能量を往時の三分の一にまで落としての再出発である。

マンション内の酒蔵になって一番大きく変わったのは、これまで温度管理の関係で一一月から三月までの五ヶ月しか造ることのできなかった酒を通年で生産できるようになったことだった。

新たな気持ちで造り始めた酒は、しかし、そうそう簡単には軌道にのらない。

このとき、秋田醸造には、杜氏、酛屋《もとや》、麹屋《こうじや》の三人の職人がいた。それまでは、職人たちに任せ、積極的に蔵に入ることがなかった小林だったが、施設が新しくなってからは、意識的に入りだした。というのも、他のコンクリートづくりの酒蔵を視察し、設備を導入したのは自身にほかならず、見ているだけというわけにはいかなくなってきたからだ。

一方、施設が木造からコンクリートの建物へと変わったことと、普通酒から純米酒へと大きく舵を切ったことで、酒造りの現場では混乱が起きていた。

「一年目は、あらー、っていう、ちょっと売り物にならない酒ができてしまった。酒造りで一番恐ろしいのは、きちんと発酵しない、酒にならないことなんです。アルコールが一〇パーセント出ないと腐りますから。だから、まず味云々じゃなくて、酒にしようとアルコールを出すところからスタートしちゃう。でも、アルコール出過ぎの酒ってロクなもんじゃないんです」

マンション酒蔵で造られた二〇〇一年製造の酒、いわゆる「13ＢＹ」（13＝平成13年、Ｂ＝brewing＝醸造、Ｙ＝year＝年）はこうして失敗に終わった。

「最大の誤算は、いい設備、いい環境があれば、いい酒ができると思っていたことでした。だけど、やっぱり、結局は人なんですよ。最初は、全部新しい機械で使ったことのない設備だから、慣れてないせいで杜氏も混乱したのかな、と思っていたんです。でも、慣れたはずの二年目も同じで、そんなにいい酒ができなかった。で、あ、これはもうこの杜氏では無理だ、と思ったんです」

一年目に造った酒は、タンク二三本（一本約七五〇から八〇〇キロ仕込む）。そのうちまあまあの出来はわずか三本だけだった。しかも、一年かけてその半分を売るのがやっとだった。

杜氏と三年契約をしていた小林は、三人の職人をそのままに、自ら酒造りに乗り出す決断をする。もはや杜氏に任せてはいられなかった。

小林が「麹のつくり方から変えなければ」と杜氏に伝えるが、「わかりました」と言って仕上がる麹は前とまったく同じものだったりした。三〇年続けてきたことを三一年目に急に変えることは怖くてできないのだ、と小林は悟った。

「そのときの杜氏は、普通酒造りに慣れちゃっていたんです。三倍増醸清酒（もろみに醸造アルコール、糖類、酸味料、グルタミン酸などを添加して味を調えた酒。添加によって三倍増しになることから）を造ることに。三増酒は、料理のような世界だから。調味料みたいなものを入れられるので、逃げ場はあるわけですよ。辛くなったら砂糖入れりゃいいやって感じで。そうやって二〇年、三〇年と鼻歌交じりで造っていたものが、シビアな純米吟醸酒になったら急に青ざめちゃって。スタンダードに美味しい、いい造りと言われる酒を造ろうといっても、それがまったくできなかったんです」

一方、小林は、新設備になる前から、秋田県醸造試験場に通い、酒造りを学び始めていた。この研究機関には、秋田醸造と同じようなサイズの仕込みができる実験棟があって、そこで数年にわたって麹をつくったり、酒の設計を習っていた。小林に師匠はいないが、あえて言うなら醸造試験場の上長がそれだった。

杜氏との決別、自ら蔵元杜氏に

蔵の不良在庫は切実なものとなり始めていた。二〇〇一年、二〇〇二年で売れ残った在庫は、ピーク時には三〇〇石（一升瓶にして約三万本）にも達した。三年目はもはや酒を造る必要がないというぐらいの余剰だった。そうした経済的な理由もあって、小林は結局、杜氏、酛屋、麹屋の三人の職人に対して引導を渡す。

混乱の中で、小林は、自ら酒造りに着手せざるを得なくなった。杜氏、酛屋、麹屋をひとりでカバーすることになったのである。

このとき、小林は、それまで出していた「竿灯《かんとう》」というブランドを捨て、新たな純米酒ブランドとして「ゆきの美人」を立ち上げた。すべてを一新したのだ。

最初に小林が戸惑ったのは、酵母の選択だった。米のデンプンが麹の酵素によって糖へと分解され、その糖分を食べてアルコールに変えてくれるのが酵母だ。酒の味を決定づけるのは、酵母だと言われるぐらい、酒造りを左右する微生物である。

数ある酵母から何を選び出すかが難しかった。

「六号、七号、九号という古典的で丈夫な酵母もあれば、いま流行りの香りを出すような酵母もある。その香りある酵母を使ったこともあったんですけど、自分でアルコールを出しておきながら、アルコールに弱いんです。一一、一二、一三パーセントと発酵していくんだけど、一五、一六パーセントになるとバタバタ死にだすんです。ある程度までは許せるけれど、死にだすと本当にすごい匂いになっちゃう。そんな酒を連発してました」

　小林は、醸造試験場にある埋もれた酵母を含め、二〇〇ほどの酵母で試験醸造もした。そのうちの一〇個ほどを選び、さらに最終的に二つの酵母をピックアップした。一二号酵母（浦霞酵母）と一五号酵母（秋田県の「ＡＫ－1酵母」）だった。

　麹も難物だった。

「単純に元気な麹をつくると、もろみ（醪＝醸造をして濾《こ》す前の酒）が元気に米を分解して、元気に糖分に変える。もろみ自体の栄養分が多いものになるんです。そうすると、よく言えばコクがあったり、味のある酒になる。秋田は伝統的にそういう麹。造り方からすると北陸とかもほぼ同じです。重くて、甘くて、ごっつい酒。でも、いま、そんな酒を誰が飲みます？　もっと軽くて、そこまで甘くなくていい。だから、軽い酒を造ろうとなると、麹の水分から全部変えなきゃいけない。静岡なんかは気候的に冬場は乾いている。ほっとくと乾くので元気のない麹になる。秋田はほったらかしにすると、元気になっちゃう。見た目も全然違う麹なんです」

「ゆきの美人」は、温度管理の行き届いた超近代的設備だが、麹室の中に入ると驚かされる。そこだけ、一面に杉板が張られた昔ながらの作業室なのだ。断熱材こそ稲わらではなく、発砲ウレタン材を入れたりしているが、酒造りの肝となる麹づくりは、手仕事で行い、なおかつすべて手間のかかる麹蓋《こうじぶた》という杉の木箱を用いる。麹蓋は、普通の酒蔵で使われる箱麹の半分ほどの大きさで、作業効率もまた半分以下に落ちる。しかし、これによって麹の管理がより細やかにでき、つまりは、自分の理想の酒に近づけることができる。すべてを麹蓋で行っている蔵は、極めてまれである。

酒造りに没入しつつ、小林には一方で欠かさず続けていることがあった。「醸《かも》し人《びと》九平《くへい》次《じ》」、「磯自慢」、「十四代」といった他の蔵の美酒を飲み、分析を重ねていたのだ。「旨い酒は、酸度、糖分、日本酒度を分析して、場合によっては、醸造試験場まで持って行って、ガスクロ（＝ガスクロマトフ・物質分析の機械）にかけて、香りの成分を分析してもらってた。新しい蔵ができた頃にだんとつで美味しいと思ったのは、『雪の茅舎《ぼうしゃ》』でした。いまの香り高いものとは違って、当時の『雪の茅舎』の酒は、いい酸があったんです。カプロン酸エチル（＝リンゴやメロンのようなフルーティな香り）があまりなくて」

こののち、秋田県酒造組合の技術委員長に就いてからも、酒の分析は続いた。美味しい酒の設計を分析するのは、小林の趣味とさえ言えた。技術委員会の委員たちとテイスティングもひんぱんに行った。ブラインドで全国の酒を飲み、味の評価をするのだ。そうやって飲んだ中では、圧倒的に「十四代」が旨かった。甘味、香りとバランスが素晴らしかった。

秋田県内初の蔵元杜氏は、持ち前の旺盛な研究心に加え、香気に対する執着が強く、とりわけ香りの分析には時間を割いた。酒造りに没頭する日々が続いた。

四年、五年と年を重ねるにつれ、「ゆきの美人」のスタイルは定まりだす。多くのいい酒を飲み、分析し、答えを探すうちに、次第に目指す酒の方向性が見えてきたのだ。一言で言えば、「ある程度甘味はあるが、酸味が強い酒」だ。

「酸は、どちらかというと雑菌がらみだったり、極端に言えば汚染されていたりすると出る。汚い条件だと酸が出てしまう。そうではない、美しい酸を出すのにどうするかというのをずっと考えていた」

小林がこだわる酸味を帯びた酒は、当時、ほとんど世に出回っていなかった。秋田では皆無と言ってよかった。その酸味こそが「ゆきの美人」の売りだった。そして、こののちも「美しい酸を出すこと」は、小林のひとつの命題であり続ける。

在庫を抱え、なかなか突破口を見い出せずにいた「ゆきの美人」にチャンスが巡ってきたのは、二〇〇六年のことだった。

東京・台東区にある地酒問屋の大手「花山」との取引が始まるのだ。「黒龍《こくりゅう》」をはじめ、「明鏡止水」、「庭のうぐいす」などの全国の有名酒蔵や小売店を抱える有力問屋「花山」から展示会への出展を呼びかけられた。東京の両国第一ホテルで毎年開かれている展示会にブースを出せることになったのだ。全国の小売店がやってきて、試飲し、買い付ける場である。その三年ほど前からサンプルを送っていたことが奏功した。

「最初は、誰も『ゆきの美人』なんて知らないから、ブースも素通りされました。でも、参加しているのは、二〇蔵だけだから、少しずつ利き酒してもらったりして、あ、面白い味だね、となって、取引が始まったんです。いろんなタイプの酒を持って行ってたから、どれかが当たるというようなところもあった。おそらくみんな、何か特徴のある酒を探していたんだと思うんです」

のちの話になるが、「ゆきの美人」の上品な酸味は、「ＮＥＸＴ５」をはじめとする他の酒蔵のひとつの目標となる。

小林は基本的に、自身の酒造りのノウハウ、過程はすべてオープンにしてきた。というのも、長らく続いてきた杜氏の秘密主義こそが日本酒の発展を阻害してきた要因ではないか、という思いがあったからだ。

「腕のいい杜氏ほどプロ意識も強いし、秘密主義の人も結構いるんです。見ず知らずの人に教えないのはわかるけど、雇い入れている蔵元にも教えないんですから。それで、杜氏が抜けたり引き抜かれたりすると、蔵に技術は何も残らないんです」

小林は、ブラックスボックス化せず、県外の造り手が見学に来ても隠すことなく見せ、尋ねられれば教えた。

が、そんなことを続けているうちに、「ゆきの美人」に似た酒が全国でちらちらと見受けられるようになってきて、小林はブレーキをかけた。

「明らかに真似していると思われる酒も出てきたし、ちょっと教えすぎたのかな、と感じて。みんな同じ酒になっても困るしね。美しい酸の出し方はいまも研究中で、その肝の部分は伏せておこうか、と思っています」

秘密の水源地の確保

「ゆきの美人」の特徴は、前述の通り、なんといっても、マンション内の酒蔵という環境にある。コンクリートのビル内で、徹底したデータ主義のもと酒を生み出す。温度を完全にコントロールできるので、通年で酒が造れるのも強みだ。酒造りには五度ぐらいの気温がベストで、秋田では一二月の終わりから二月前半ぐらいが最適とされる。ちょっと寒ければ、マットを巻いたり、ストーブをつけて調整する。この期間に集中的に造ればそれほど設備は必要としない。普通の秋田の酒蔵は、そうやって一一月から三月の間に一年分の酒を造り、それをならして販売していく。

一方、「ゆきの美人」では、気温が高くなる春夏でも、麹づくりと発酵温度の過程を厳密に管理し、極力ぶれない安定した酒を造る体制をつくっている。しかし、それでも、味を安定させるのは難しいという。

「同じ四本のタンクで同じスペックで、同じ造り方をしてもシビアに味わえば違いますからね。酸が強かったり、苦みが強かったり、甘味が強かったり。もちろんそれは、普通の人にはわからない微妙な差ですけどね」

本格的に自らが酒造りに乗り出す前、小林は、暇を見つけては仕込み水探しに出かけている。県内のどこかに自分の酒に合う水はないかと湧き水や井戸を求め歩いていたのだ。秋田醸造の敷地内の地下水は、ボーリングをしてみると鉄分やマンガンが多かった。さらに深く掘ったら、石油が出るぞとも脅された。あまりいい水ではなかった。

ただ、全国の酒蔵を見てみると、水に恵まれず、他の水源に汲みに行っているところも散見された。水に苦労している蔵はほかにもあるのだ。あえてそれを公言しているところは少ないわけだが。

そうやって水源を探す中で出会ったのが、県内の岩見三内近くの湧き水だった。岩盤を流れてくる濾過された水で、ミネラル分が少なかった。

「酒は水が八〇パーセント以上だから、水は大事と言われる。もちろん、変な味がついてはダメだけど、実は味じゃない。酵母が発酵するときに、適した水とそうでない水があって、昔の貧弱な技術のときはお酒にならないと大変なので、発酵しやすい水のほうがよかった。でも、いまは技術もあるし、私は、発酵しにくい水の方がいい酒ができると思っています。軟水の中でも、ミネラル、カルシウム、マグネシウムの少ない、発酵しない水でちんたらやる方が私にはあっている」

小林が取水する「秘密の場所」は、個人が所有する山の中にある。豊かな湧き水が出るところにタンクを設置し、それを定期的にタンクローリーで市内の酒蔵まで運んでくる。

現在、「ゆきの美人」で主に使っている酵母は、一四号酵母（金沢酵母）と一五号酵母（秋田酵母）。どちらかというと、地味な酵母だと言う。たまに「新政」発祥の六号酵母も使う。

「酵母が違うとお酒の味って、がらっと変わっちゃうので、私はいろいろな酵母を使いたくないんです。同じような傾向の、同じようなタイプのお酒を造っていきたいので。『獺《だっ》祭《さい》』も『九平次』もいろんな米を使っていろんな酒を造ってますけど、酵母だけは変えていない」

原料米については、「米の地域はこだわらない。酒に適していて、美味しいものになればいい」と小林は言いつつ、こう考えている。

「もちろん、秋田産が最高ならそれを使う。でも、山田錦（兵庫）とか雄町《おまち》（岡山）はやっぱり面白いんです。ドメーヌ化と言っても、穀物のお酒だから、他のところから持ってこられるんだから、持ってきていいんじゃないか、というのが私の考えなんです。（「新政」の）祐輔とかにそう話すとまた文句言われるんだけど……。あと、フランス人とかイギリス人にも、ほかのところから持ってくるというやり方は理解してもらえない。『なんで兵庫から買ってくるのか』、って訊かれますからね。外国向けの酒は、全量秋田の米じゃないとダメかなと思っています。説明のしようがないというか、説明に疲れるんです」

自分の思った通りの酒にしたい

二〇〇一年に新しい酒蔵で初めて仕込んだタンクは二三本だった。四年目には九本にまで落ち込んだが、その後一年また一年とその本数は順調に増えていった。

「私は、酒造りには経験が絶対必要だと思っています。麹のつくり方にしても、もろみの発酵の持っていき方にしても、あっちに振ってみよう、こっちに振ってみようとある程度実験的にやりたいけど、一〇本とかだとあまり冒険ができない。だから、もろみ一〇〇本ぐらいやれば、まあ、だいぶわかるんじゃないかと、最初から自分で思っていた。実際、毎年、やればやっただけわかるし、その中には、自分の思った通りにいく酒もあれば、全然思った風にいかないやつもあって。毎年、記録したり、頭に入れて、それを踏まえて仕込みをしている」

小林は、さらなる高みを目指しデータを蓄積し続ける。

「いまはそれほど大きなブレはなくなってきているけど、微生物だから、完全にコントロールはできないんですよね。でも、私はどちらかというと、自分でコントロールしたいんです。成り行きで自然にやったほうがいいという人もいると思います。でも私は、押さえ込んで、自分の思った通りの酒にしないと面白くないタイプなんです。さらに洗練された酒に仕上げるためにはどうすればいいのか、日々考え続けています」

「ゆきの美人」が試行錯誤を繰り返し、方向を定めようとしている頃、蔵元杜氏である小林に盛んに質問をぶつけてくる男がいた。白瀑の蔵元、山本友文である。二〇〇二年、東京から秋田に帰ってきた山本は、杜氏との間で問題を抱え、窮地に陥っていた。

山本は小林に悩みを打ち明けてきた。

小林が振り返る。

「そのとき山本のところにいた杜氏が勝手なことをやっていた。『六号酵母で造りました』と言いながら、全然違う酵母を使って酒を造ったり。試飲したあと電話で『これ、絶対六号酵母使ってないよ』と伝えたこともありました。酒造りだけでなく、税務署に見せなきゃいけない帳簿のつけ方とかもわからなかったから、そのたびに電話してきてました」
そして、最終的に杜氏と袂を分かつことで、山本は必然的に自身で酒を造らなければならなくなったのである。酒造りの経験が皆無の男が、跡取りという立場上、蔵元杜氏にならざるを得なくなったのだ。

山本が小林に質問を浴びせている時代から、さらに五年を経た二〇〇七年、「新政」の佐藤祐輔がUターンしてくる。秋田北部の八峰町《はっぽうちょう》に住む山本と違って、佐藤の蔵は小林の蔵から歩いて行ける距離にあった。佐藤は、しばしば小林の蔵にやってきては、やはり、山本と同じように酒造りでわからないことを尋ねてきた。

一回り以上歳が違う佐藤のスタイルが小林には興味深かった。

「いろんな酒を買ってきて、一緒にテイスティングをしたりした。祐輔がすごかったのは、帰ってきてすぐにいろんな酒蔵を回ったこと。あまり同業者で蔵見学ってなかったんだけど、何の外連味《けれんみ》もなく、図々しく行ってた。ライバルだから、構えちゃう酒蔵もあったんですけどね。ちょっと変わったヤツだと思いましたよ。でも、そんな祐輔が秋田に帰ってきたことが大きかった」

小林忠彦を軸に、秋田の日本酒が大きく動き始めていた。

第2章

山本

どん底からの再起

山本合名会社　代表社員　山本友文（1970年生まれ）

山本友文が秋田県山本郡八峰町《はっぽう》（当時は八森町《はちもり》）の酒蔵「山本合名会社」に帰ってきたとき、蔵には売れ残った酒の在庫があふれ、うずたかく積まれていた。もはや、蔵は待ったなしの危機的状況だった。

このとき、酒造りを仕切っていたのは、六〇代後半の杜氏。三二歳の山本は、杜氏に対して、品質の向上をはかりたいことや修正部分などを伝えたが、プライドの塊のような杜氏は、一切聞く耳を持っていなかった。俺が造った酒をあんたは黙って売ってくればいい、俺には一切指示をするな、という態度が見え隠れした。

山本の苦しみは、実家に戻ってきたその瞬間から始まっていた。二〇〇二年のことだった。

酒蔵を離れ、音楽業界へ

山本友文の一族は、曽祖父の代の一九〇一年（明治三四年）から、八峰町（当時は八森村）で造り酒屋を営み始めている。

「その頃の話を知らなかったので、なぜ、酒造りを始めたのかと思って調べたら、その創業の前年ぐらいからどぶろくの取り締まりがすごく厳しくなっているんです。ちょうど、日清戦争と日露戦争の間で、酒税が国を支えているときだった。そんな中で、うちは、ここら辺の田畑をみんな持っていたので、これはビジネスになると始めたんじゃないかと推測しているんです。秋田でほかにも同時期に始めた酒蔵はあるので、たぶん、間違いないでしょう」

曽祖父の読みは当たり、見事酒蔵は拡大を続ける。祖父の時代の一九二七年（昭和二年）には、近くの白瀑《しらたき》神社に石鳥居を寄贈した。その後も、かなり繁盛していて、地元の農家に優秀な子どもがいると聞けば東京の大学に行かせたり、国道が必要となれば通したり、あるいは船舶事故が起きた際には灯台を建てたりと、地元への還元を続けていた。

その後は山本の伯父と父親の三兄弟が継ぎ、それぞれ社長、経理、工場長を務めていた。つまり、父と伯父たちが経営陣だった。だが、山本自身は、酒蔵を継ぐ気はなく、自分の好きな道を歩もうと思っていた。醸造学科に進んだ年上の従兄《いとこ》もいたから、あえて自分が酒造りに加わる必要はないだろうという思いだった。

山本は、アメリカ・ミシガン州の大学に入学し、機械工学を学んだ。三ヶ月ある夏休みには一時帰国し、東京に住む通訳の仕事をしていた姉のもとに居候しながら、区民センターのプールで監視員のアルバイトなどをしていた。

そんなある日、たまたま姉がダブルブッキングで現場に行けないという事態が起き、山本が青葉台のレコーディング・スタジオに急遽代理で行くことになる。「島唄」などのヒットで知られるザ・ブームが、ジャマイカ人と録音する現場に駆けつけることになったのだ。

「このとき、たった二時間で二万円のアルバイト料をもらったんです。時給一万円。で、終わって、みんなで中目黒の高級焼き肉屋に行った。メニューをぱっと開いたら、和牛カルビ三〇〇〇円と書いてある。私のカルビの相場って五〇〇円とかだったから驚いちゃって。音楽業界はものすごく潤っていて、夜な夜なそういう高級な焼き肉を食べて、ギャラもよくてって、勘違いしちゃったんです」

九四年、卒業後に帰国。早稲田大学理工学部に入り、一年間在学していた際に、ザ・ブームのマネージャーから山本に一緒に働かないか、と声がかかる。アメリカの大学との落差に失望していた山本は二つ返事で引き受け、早稲田大学は中退した。その後、他のミュージシャンたちの海外ライブやレコーディングなどにも同行し、通訳を務めたり、機械の調整をしたりしていた。

帰郷、そして杜氏との戦い

ところが、仕事を始めて七年が過ぎた頃、事態は急変する。酒蔵の専務だった従兄が病気で亡くなり、少しして社長だった伯父が逝去、工場長を務めていた山本の父が社長に繰り上がることになったのだ。さらには営業のエースも急死したりと、蔵の中核であった働き手たちが一斉にいなくなってしまったのである。

山本は、父を補佐するために、帰郷せざるを得なくなる。

会社は赤字続きで、父親も「たためるときにたたみたい」と言っているような状態だったが、それでも山本は、なんとか蔵を盛り返そうと奮闘し始める。

山本の前にまず立ちはだかったのは、前述の通り、老齢の杜氏だった。帰ってきたばかりの山本は、どうにか従業員と打ち解けようとするのだが、その杜氏はそれすら阻もうとした。

現場に入ってくるなと杜氏から止められていた山本は、あるとき、休憩室ならば、と覗いてみた。室内では、五人の蔵人《くらびと》（杜氏のもとで酒造りに携わる職人）と杜氏が黙って座って休んでいた。あたかもお通夜のようである。山本は、外で見聞きしてきた興味をそそりそうな話をその場でしてみた。なんとか蔵人たちとコミュニケーションを取りたいと思ったのだ。

自室に戻ると、すぐにスタッフのひとりがやってきてこう言った。

「杜氏がもう休憩室には来ないでくれと言ってます」

山本から見て、杜氏の性格には明らかに問題があった。杜氏自身が連れてきた蔵人たちとぶつかることも多く、しまいには本来杜氏が手配すべき蔵人をひとりも連れてこられなくなり、蔵から地元農家の人々に頼んで酒造りに入ってもらったりもした。杜氏や蔵人には賄いが用意されるのだが、気に入らない食事が出されると、料理に吸い殻を差して、外に食べに出てしまうような人物だった。

酒造への参加を拒まれている以上、山本は、ただ営業に出て、酒を売るしかなかった。営業で秋田の酒販店を回ってみると、やはり、一筋縄ではいかないことがすぐにわかる。「白瀑」では、実は昭和の一時期、生産量の半分以上を貨車に積んで、夕張炭鉱に出荷していた。夕張炭鉱には秋田からの出稼ぎ労働者も多く、また、北海道に酒蔵がほとんどなかったため、大口の需要があったのだ。が、夕張炭鉱の縮小とともに、出荷量は減っていき、やがて消滅した。その時代を知っている酒屋から、「お前のところは、夕張、夕張と言って、うちらに回さなかったよな」という嫌みを言われたりした。山本にとっては初めて聞いたエピソードで、帰ってから調べてわかったことだったのだが、いずれにしても、日本酒に勢いがあった昭和時代の、華やかな頃の話に過ぎなかった。

ときには、一八〇ミリの小瓶に在庫の酒を詰め、クーラーボックスを担いで夜行バスに乗り、東京へも営業に出た。やはり、主戦場は、首都圏だった。地酒問屋「小泉商店」の営業マンの助手席に乗せてもらい、都内の主要な小売店を回った。しかし、多くの小売店からは見向きもされなかった。それでも、山本が何回かそんなことを繰り返し、少しずつ顔がつながりだすと、飲みに行こうと誘われたりするようになる。

差しつ差されつで酒を飲んでいたとき、ある小売店主からはこう言われた。

「気持ちとしては買ってあげたいんだけど、やっぱり、売る側としての責任があるから、いまの酒では買えない。変な酒を売ると、今度は我々が信頼をなくしてしまうから。でも、いい酒ができたら買うよ」

酒のレベルが合格点に達していなかったのだ。

思うようにいかない、悶々とした日々が流れていった。

そんなある日、七〇歳を超えた杜氏が、

「自分はもう歳だし、しばらく獲ってなかった全国の鑑評会で金賞を獲ったので、辞める」

と言ってきた。

首都圏で広まるような旨い酒はできなかったとしても、この杜氏によって酒は継続的に造られていたわけで、急に辞められれば、それはそれで困った事態だった。

「通常、杜氏が引退するときって、自分の右腕的な人にすべてを教えて、『彼が引き継いだから』と言って辞めていくんだと思うんですが、うちにいた杜氏は、全部ひとりでやらないと気がすまない人だった。酒造りは、分業制なので、いろんなポジションに蔵人がいますけど、みんなにあれをせいこれをせいと言って、スタッフはその指示をもとに動く。なぜこの作業にそれが必要かということは一切教えず、ただ、手足として使っていたんです」

実際、山本が蔵人たちに尋ねると、

「僕たちは酒造りなんてできませんよ。杜氏から言われたことをやっていただけですから」

という答えが返ってきた。

困り果てた山本は、山内《さんない》杜氏組合に相談して、杜氏の紹介を依頼する。山内杜氏は、秋田県平鹿《ひらか》郡山内村（現・横手市）の農家が閑暇の冬場に酒蔵で働き始めたのを契機に、大正・昭和期に結成された杜氏集団だ。

組合からは、「ひとりだけいます。逆にひとりしかいませんが」といわれ、四〇代の杜氏を紹介された。すでに、何回か全国で金賞を獲っている杜氏だった。ただ、唯一気になったのは、前の蔵を三年、その前の蔵を二年で辞めていることだった。

杜氏との最初の面談で、こう言われた。

「全国の鑑評会はどうしましょうか。金賞獲ったほうがいいですか。獲らないほうがいいですか」

あまりに自信に満ちているので、山本は驚いた。この人、すごいな、とも思った。

「いや、全国の鑑評会も大事だけど、市販しているお酒の酒質をまず上げて欲しい」

と山本が頼むと、

「じゃあ、金賞は獲らなくていいんですね。わかりました。そのつもりでやります」

と返してきた。

経営的にギリギリで、とにかく主力の酒を売っていかないと、明日にも潰れるという状況だった。売り上げが伸びていないため、杜氏が替わったこの時点で、銀行の融資はストップしていた。

「経営改善計画書を出せと銀行から言われて、Ａ４の紙に四、五ページ書いて持って行くと、ぺらぺらと見て、これじゃあ貸せませんって、返してくるんです。だから、『半沢直樹』を見たときは、俺が経験したのと一緒だと思って、ただのドラマとは思えなかった」

経営はほとんど破綻していると言ってもいい状態だった。

「私と父親の給料はなしにしていて、月末になって、それでも支払いのほうが多くなると、私が二〇万、父親が五〇万貯金をおろして入れて、とやっていた。郵便貯金の保険を担保にして借りて、また返してと、そんなことも年に何回となく繰り返していた。そうやって自腹で相当補填していました」

合名会社のため、無限責任を負わなければならなかった。父親は結局、二〇〇〇万円をつぎ込み、山本の貯金もとうとう底をついた。妻がOL時代にこつこつと貯めていた五〇〇万円を貸してくれて、最後はそれでつないだりもした。しまいには、父親が「もう金はない。交通事故で俺が死ねば（生命保険で）いくら入るか調べてこい」と言いだすところまで追い詰められていた。

ついに山本の会社は終わった

新しい杜氏との間では少なからず問題も起きた。酒はいい酒もできれば悪い酒もできるといったところだったが、杜氏と周りのスタッフとの折り合いが悪かったのだ。しかし、解雇して次の杜氏を補填できる保証もなく、なかなか決断ができなかった。

実際、新しい杜氏も探したのだが、「ひとりいます」と言って推薦された杜氏は、「新政」を解雇された人物で、とても触手をのばす気にはなれなかった。

もめ事のたびに、「私はいつ辞めてもいいんですよ。でも酒は造れるんですか」と足下を見てくる杜氏とのやり合いに疲れ、酒も売れずで、山本には日に日にストレスが加わっていたのだろう。ある日、とうとう顔面神経麻痺を発症してしまう。顔の神経が破断し、目や口が開きっぱなしになってしまう病気だった。過剰なストレスによる免疫力の著しい低下が原因だった。

このとき、山本は一〇日間入院することになるのだが、病室に酒の醸造技術の本を二冊持ち込んだことで、運命は大きく動き出す。

「麹の本と醸造技術の本を読みながら、どうせこのまま倒産するんだったら、酒蔵に生まれた者として、最後は一年でも自分で酒を造ってみようかな、と思ったんです」

山本は意を決して、杜氏に「来年からは自分たちで酒を造るから、来なくていいです」と通達した。

「すごい悔しい思いもしたし、はらわた煮えくりかえるような思いもずっとしていた。やっぱり、自分の会社を守るためにも、自分が酒造りをするしかない、と思ったんです。でも、この話が県内に広まったとき、多くの人は、ついに山本の会社は終わった、白瀑の蔵は潰れる、と思ったはずです。酒母の歩合も、麹の割合も、何も知らないど素人《しろうと》が酒造りを始めたわけですから」

山本は、一緒に働いた二人の杜氏の残したレシピをダンボールにしまい込み、ガムテープで封印した。同じような酒を造っても意味がないと思ったのだ。二人の杜氏に対する反発もあった。意地だった。

二〇〇七年、教科書を見ながらの酒造りがスタートする。わからないところがあれば県の醸造試験場の研究者に尋ねた。「夜でも休日でもいいから電話をしてきなさい」と研究者からは携帯番号も教えてもらった。麹担当の研究者をはじめ、各分野の専門家に指導を仰ぐ日々が続いた。

実践の部分は、一足早く蔵元杜氏になっていた「ゆきの美人」の小林忠彦に頼った。

「杜氏組合の勉強会にも最初はよく行ってたんですけど、訊いても教えてくれないし、言葉を濁されたりした。傍らで見ていると、杜氏さんたちって、自分の技術で食べているので、杜氏同士でもあまり技術の話をしないんです。何を話しているかというと、夏場の農業の話。今年の米は……、スイカは……とかそういう話を。だから、現場の酒造りの話を訊いても、答えてくれるのは小林さんだけだった」

初めての年の酒は、悪い酒も多かったが、いい酒も少しできた。ビギナーズラックと言ってもよかった。だが、なぜそういう酒になったのか、その科学的根拠が山本にはわからなかった。

山本は、できたばかりの酒を八峰町に近い能代の小売店「天洋酒店」の店主浅野貞博のもとに持参した。

精米から搾りまで、すべての工程に山本自らが参加し、学びながら醸した純米吟醸酒だった。この年できた最もいい一本だった。


この少し前、浅野もまた、迷いの中にいた。

祖父、父のあとを継いだ浅野だったが、未来は決して明るいものではなかった。小売りの酒屋はどこもじり貧だったのだ。浅野は、特色を出すために、一九九七年（平成九年）、店で扱うアルコールを日本酒一本に絞った。

「スーパーやコンビニがどんどんこっちへやってきているときで、うちはどう生き残るんだと思ったときに、自分の土俵をつくるべきだと考えました。ジャスコの土俵に乗ったら絶対に勝てないということはわかっていた。それで日本酒だけに絞ったんです。それに、たとえば、東京のお客さんが埼玉の『神亀《しんかめ》』をうちから買うはずもないわけで、お客さんのターゲットは県外に絞りつつ、秋田の酒だけに限定したんです」

もっとも、そのときはまだ、やはり普通酒が中心で、純米酒を買う人はまれだった。秋田の酒のネームバリューは低く、経営的には火の車だった。

そんなときに山本が帰郷したのだ。山本のブランド、「白瀑」はそれまで天洋では扱っていなかったが、地酒に力を入れている店だと聞きつけた山本が営業にやってきたのだ。二〇〇二年のことだった。

アイディアで乗り切る

この年、ある取引先に依頼されPB（プライベート・ブランド）で造った四合瓶の濁り酒が二〇〇本売れ残り、山本の蔵では、その処理に困っていた。山本は、浅野に訴えた。二人は、顔をつきあわせ、「白神《しらかみ》の初雪」という名前の酒にして出すことにした。そして、「白神山地に初雪が降ったら発送します」として、予約を募った。白神山地に初雪が降る日を当てたら一本プレゼントしますというおまけもつけた。ラベルは、山本の妻が手書きした。

山本の蔵からは白神山地が近すぎて見えないため、わざわざ能代まで来ては双眼鏡で降雪の有無を確認し、初雪の日を発表した。このアイディアが当たり、二〇〇本は完売した。

成功に味をしめた二人は、白神山地の名前を使わない手はないとばかりに、「白神の鼓動」、「白神のめぐみ」とその後もシリーズで出していった。発泡スチロールに雪を詰め、ブナの葉を入れて酒を発送したりもした。

「潰れそうな酒屋と潰れそうな酒蔵ががんばっぺーとやっている感じだった」と浅野は回想する。


そんなつき合いの中で、二〇〇七年、浅野のもとに、山本は自身で初めて造った最高の純米吟醸酒を持参したのである。

試飲した浅野は、

「いい酒ができたじゃない、これ、売ろうよ」

と感想を言い、こう続けた。

「山本君が全部自分で造ったんだから、もう『白瀑』じゃなくて、酒の名前も『山本』にしたらいいんじゃない」

こうして、「白瀑」ブランドは、県内の一部を除いて、「山本」となった。

「できた酒は、うまくいったやつだけを『山本』として出した。『山本、素人のわりにいい酒を造るじゃないか』、と言われるところへ意図的に持って行ったんです。いまいちと思われるような不出来な酒は一切出荷しなかった。それが結果的によかったんです」

こののちも山本は、この初挑戦の年に自身で決めたルール「いいものだけを出す」を守り続ける。出せない酒は、廃棄処分するわけではなく、下のクラスの酒にブレンドした。経営の効率としては悪くなったが、「山本イコールいい酒」のイメージはなんとしてもキープしたかった。

しかし、酒造りは、やはり簡単ではなかった。

「工業製品じゃないから、設計図通りにはまずいかないんです。毎年、原料が違うし、仕込んでいる冬の日の温度でも違うし、結局同じ環境ではできないんですね。別の蔵のベテラン杜氏さんから聞いた『酒造りは、毎年一年生』という意味が最初はわからなかったけど、やり始めたら、言わんとすることがよくわかった」

その後も、山本は、新しい酒を造っては、「天洋酒店」に持参した。

失敗作も少なくなかった。

たとえば、純米吟醸として造った酒は、酵母がうまく働かず、ひどく甘い酒になってしまった。通常であれば廉価な普通酒に混ぜたりすればいいわけだが、とにかくぎりぎりの資金でやっている山本としては、せっかく吟醸純米で仕込んだ酒の原価はできるだけ維持したい。一回一回の仕込みをきちんと回収しなければまわっていかないのだ。

窮地を救ったのは、またもアイディアだった。

浅野が振り返る。

「『甘美』という名前にして、甘くて美しい純米吟醸酒として出したらどうかと提案して売り出した。そうしたら、女性にすごい人気が出たんです。あっという間に完売した。次の年、『甘美はいつ出るんですか』、と問い合わせが来たけど、『今年は造らないんです』と言ってごまかしたぐらいでした」

「ど」という酒を発売したときには、開栓時に吹くかもしれないからと、一升瓶に一・六リットルで出荷したところ、税務署から注意を受けたりもした。

浅野が言う。

「この頃、酒造りに関しては素人同然だったけど、とにかく、売るためのアイディアがすごかったんです。一二本に一本を金粉入りにして、入っていたらラッキーみたいなことを考えたりね。もっとも、金粉入りは東京の販売店からは、『そんなのいらない』と言われ、突き返されちゃって、私が金粉入りだけ引きとりましたが。売るためのアイディアをとにかくひねりだしていた」

山本は、がむしゃらに酒を造り、売り続けた。

その一方で、設備投資にも積極的だった。二年、三年と経ち、少しずつ経営的にも安定しだすと、設備の古さが気になってきたのだ。

「いろんな酒蔵を見て回って、この設備がうちにあったら、品質が上がるなと感じるたびに、銀行へ相談に行った。何年後かに設備投資をするのであれば、いますぐやって、品質のいい酒を早く出すべきだという考えでした。でも、父の考えは違った。父は、返済の苦しさで地獄を味わい、ノイローゼのようになったので、もう金は借りたくない、という思いが強かった。だから、設備投資に関しては延々とやり合ったんですけど、いざ入れるとなると、父も機械系の人間なので、品質が上がる、効率が上がると喜んでいました」

こののちも、山本は、設備投資に対しては、躊躇なく断行していき、わずか一〇年でほぼすべての設備を最新式のものでそろえてしまう。

山本は、帰郷当初から、自分の酒の主戦場は首都圏にある、と思っていた。日本の消費のおよそ半分が集中する関東で認められない限りは、成功しない、と睨んでいたのだ。

「秋田は人口がどんどん減っているし、いま、秋田で苦戦している酒造メーカーは、みんな首都圏に足がかりをもたないところばかり。絶対に関東で売ろうと思っていた」

山本が関東での販売の中心に置いたのは、地酒問屋の「小泉商店」だった。「小泉商店」は、「はせがわ酒店」、「小山」、「かき沼」、「君嶋屋」とそうそうたる顧客を抱える優良問屋だった。

「『小泉商店』と心中するつもりで、僕が帰ってきたとき一割だった『小泉商店』の扱いを七割近くまで増やしました。最初の頃は、『山本の酒は買って飲んでみるまでわからない。博打みたいなものだ』なんて言われつつも、酒屋さんは面白がってくれてた。でも、ある程度量が増えてくると、信頼がないと怖くて買ってもらえないじゃないですか。『小泉商店』といろんな戦略を立てたり、アドバイスをもらったりしました。いまうちがあるのは、『小泉商店』と取引があったから。それで全国の酒屋さんに商品が行くようになった」

ブナの原生林からの豊かな水

山本の酒蔵は、北秋田の景勝地にある。何よりもブナ林が生み出す水が素晴らしい。酒の名前のもととなった「白瀑」は、クルマで数分のところにある白瀑神社から命名したものだ。

白瀑神社は、八五三年に円仁《えんにん》（慈覚大師）が巡歴のおりに不動尊像を滝の岩上に置いたのが始まりとされる。明治時代に入って白瀑神社となった。社の奥には、高さ約一七メートルから勢いよく流れ落ちる白瀑がある。荘厳で、霊気を感じる滝だ。

酒蔵で使うすべての水は、白瀑神社と同じ山側から、斜面を利用して引いている。

ブナの原生林が繁る標高三〇〇メートルほどの山の中腹、標高約一二〇メートルのところに水が湧いているところがあり、そこを水源とする。ブナ林には、樹齢三〇〇年以上の、人が手を回せないほどの巨木も多数ある。もっとも、世界遺産の白神山地からは飛び地のように離れているので、世界遺産には指定されていない。

一九三二年に村人を動員して、山から蔵まで深さ二メートル、長さ二キロに渡ってスコップで穴を掘り、人力で管を埋設した。海まで直線で三〇〇メートルのところにある酒蔵の標高は一〇メートル足らずなので、約一一〇メートルの落差を利用して、湧き出る水をすべて一気に引き込むことができる。

この豊かな水資源は、山と蔵の間にある田んぼにも注がれる。

「夏場の夜間は水を使わないので、切り替えて、自社の田んぼに入れて稲を育てている。酒造りに使っている水で、酒米を育てているところはたぶん全国でもここだけだと思う」

湧き出る水は軟水だ。

「昔、海底で固まった溶岩が隆起した土地で、石灰とかミネラル分が入ってくる層がない。基本的に岩の塊なので。ミネラル分が少ない軟水だから、発酵に時間がかかる。その分、しっかり時間を長くとって、低温で発酵させる。だから、男性的なお酒になりにくいんです。流行りとかなんとかより、ここの環境に合ったことをやっているにすぎず、それで、うちのいまの酒があるというわけです」

山本が自ら米づくりを始めたのは、自身が酒造りに乗り出した年の二〇〇七年。「酒造りをするなら原料から知らないと」ということで始めた。田んぼは、棚田で変形のため、作業に手間がかかる。

植えるのも刈るのも大変なのだが、それでもその後も毎年少しずつ耕作面積は広がり続けている。

「できるだけ若いスタッフを安定的に年間雇用したいと思っているんです。そのためには、酒造りのない夏場をどうするか、というのが課題になってくる。自社の田畑があれば、みんなで田んぼに出て草刈りをしたりできる。ただ、だんだん酒の生産量が増えてくると、農作業と酒造りの時期が結構かぶってきて、それが悩みの種なんです」

現在、酒で使う米は、九六パーセントが秋田県産だ。美郷錦《みさとにしき》、美山錦《みやま》、酒こまち、吟《ぎん》の精《せい》、改良信交《かいりょうしんこう》。この五種をそれぞれの工程に分散させて使った酒が「秋田ロイヤルストレートフラッシュ」。秋田最強の酒、と山本は自負する。

酵母もまた、秋田のものをメインで使う。定番で使うのは、二つの秋田の酵母。「秋田酵母一二号」と蔵付きの「セクシー山本酵母」だ。

「基本的には香り控えめの酵母を使ってます。というのも、香りが華やかな酵母を使うと、簡単にお酒の香りは出るんですけど、味のバランスをとるのに結構甘くしないといけないんですよ。華やかでドライというのは、基本的に成立しなくて。そうすると、食事しながら飲むには、その華やかな香りと甘さが逆にブレーキになってしまう。最初の一、二杯はいいかもしれないんですけど、飲み進められないんです。やっぱり、香り控えめで、酸が効いてて、さらに切れ味があるとなおよし、ですね」

造り始めたばかりの頃は、華やかな酵母も使ったりしていたが、徐々に香り控えめへと移行していったのだという。

「NEXT5」誕生のきっかけ

二〇〇七年から自分で造り始めた酒は、一年また一年と品質を上げていったが、二〇一〇年、山本が酒造りを始めて四年目の二月、さらに飛躍の契機が訪れる。山本と「新政」の佐藤を紹介する記事と写真が『dancyu』3月号の特集「日本酒絶好調宣言!」の巻頭に掲載されたのだ。山本が日本酒を通じてメディアに登場するのは、これが初めてのことだった。

日本酒特集号を手にした山本は、他の酒蔵の記事を読み進めた。そんな中、一本の記事に目がとまる。広島の酒蔵の紹介ページだった。

タイトルにはこうあった。「熱い想いで新たな味を。蔵元集団『魂志会』の結束」。「天寶一」、「美和桜」、「宝剣」、「富久長」、「賀茂金秀」、「雨後の月」の六蔵がつくった蔵元集団の紹介記事だった。

山本は、すぐに「ゆきの美人」の小林忠彦に電話をした。

「ダンチュウ見ました？　あの広島の魂志会みたいな、ああいう会、秋田でもできないですかね？」

そう山本が言うと、小林がこう答えた。

「そういえば、『新政』の祐輔が帰ってきた。『一白水成』の渡邉も杜氏と一緒に蔵に入って酒造りを始めた。『春霞』の杜氏が亡くなって、栗林さんが急遽酒造りすることになった。じゃあ、一度、五人で、秋田市内で集まるか」

二〇一〇年早春、こうしてのちに「ＮＥＸＴ５」と名付けられるチームは始動する。

山本が「ＮＥＸＴ５を結成したことによって、いまの自分はあると思っている。そこで知ったことははかりしれない」と振り返るぐらい刺激的で、自身の酒造りを変え、進化させていく起爆剤となった集団だった。

第3章 一白水成

地域に根づいた酒を

福禄寿酒造株式会社　代表取締役社長　渡邉康衛（1979年生まれ）

三〇〇年以上続く福禄寿酒造株式会社には、およそ二五〇年前に建て替えられた木造の仕込み蔵が現存する。合掌造りで釘はほとんど使われておらず、秋田各地の酒蔵の原型となっている蔵である。

このクラシカルな蔵では、純米、純米吟醸といった上級クラスの酒を仕込み、もうひとつの近代的な蔵では普通酒、本醸造などを仕込む。

古かった麹室の壁はつい最近張り替えた。福禄寿のある秋田県南秋田郡五城目《ごじょうめ》町は、木の町として知られる。木材屋も多い。その地元産の秋田杉を使った。乾燥に強く、匂いの出ない素材を特別に注文した。

麹室には、最新のオゾン室内殺菌装置が置かれている。かつては、ホルマリンを燻蒸して殺菌していたが、病院などで使う機器に変えた。燻蒸では蔵人たちの目や喉を痛めたが、オゾン室内殺菌装置ではもちろんそんなことは起こらない。仕込み中にも殺菌ができるので、便利この上ない。

福禄寿（「一白水成」）は、新旧の設備を駆使しながら、幾多の荒波の中をくぐり抜けてきた。

悪化し続ける経営

渡邉康衛の中で、幼い頃の酒蔵の記憶としてまず浮ぶのは、蔵人の誰もが懸命に働いている光景だ。とにかくバタバタと人々が動き回り、父親自らリフトで酒を運んだりしている映像が目に焼き付いている。酒を造るだけでなく、ビール会社の二次問屋もやっていたため、仕事量が尋常ではなかった。ピーク時に比べれば、日本酒の販売量が落ち始めていた一九八〇年代前半とはいえ、そこにはまだ陰りらしい陰りは見えなかった。

渡邉康衛の祖父である一三代目渡邉彦兵衛《ひょうえい》は、父が三歳のときに亡くなった。跡を継いだのは、祖父の弟、つまり父親からすれば叔父にあたる誠之助である。

その後、八〇年代半ばに父が一五代目渡邉彦兵衛となった。すでにこのとき福禄寿は、銀行から明らかな過剰融資を受けており、引くに引けない状態だった。言い換えれば、日本酒需要の右肩下がりが続く中、売り上げ増のプレッシャーがかかっている経営環境だった。

渡邉康衛が東京農業大学醸造学科を卒業し、五城目に帰郷したのは、二〇〇一年四月。卒論は「野生酵母の分離とその仕込みの試験」。屋久島に出かけ、その空気中から酵母を分離し、仕込みをし、レポートを書いた。

このとき、福禄寿では、六三本のタンクで二五〇〇石ほどの酒を出荷していた。六三本のうち、六〇本（一本フルにして三トン仕込み）が普通酒で、残りの三本が特定名称酒という割合である。三本は鑑評会の出品用に造られているようなものだったから、実質的にはほぼ大衆酒だけを造っていたのである。

酒蔵は、量産体制が敷かれていて、酒造りというよりは、機械に追われている感じだった。この時間にこのボタンを押して、という流れ作業である。

帰郷した渡邉は、父親からこう言われていた。

「売り上げを伸ばさなきゃいけないから、お前は酒造りに入っている場合じゃない。営業に出て、売り上げを稼いで来い」

渡邉は、秋田県内の酒屋や居酒屋を回った。

「一〇本買ってくれれば一本サービスしますよと、そんな感じでした。今月はキャンペーンだからティッシュをつけますと言って、安売りのティッシュを探したり。ビールもやってたんで、居酒屋から樽生のサーバーをつけてくれ、と頼まれたり。何か違うなと思いながらも、いまのウチの状況を考えると仕方ないな、と思ってやってました」

その一方で、渡邉には、やはりちゃんとした酒造りをしたいという思いが抜きがたくあった。それにはなんとしても営業ではなく、酒蔵に入る必要があった。

営業を担当して半年が過ぎた頃、渡邉は、杜氏に、

「俺が入らなきゃ蔵を回せないって、幹部会議で喋ってほしい」

と頼み込んだ。

渡邉は、会議室の横で聞き耳を立てた。杜氏が「康衛君に入ってもらわなければ、蔵が回らない」と話すのが聞こえてきた。

酒造りが忙しくなり始める一一月、渡邉は、ようやく酒蔵に入った。が、実際に入ってみると特にこれという仕事もなく、単なる流れ作業の一端についただけだった。

翌二〇〇二年、渡邉は、自分で酒造りを計画する。とにかく酒質を上げた新しい酒を造りたかった。

渡邉は、農大に保存され一般には流通していない最古の酵母「江戸酵母」を使って酒造りをすることを企図し、タンク一本分一・五トンの純米酒を造った。が、結局、そのほとんどが普通酒に回される。売り先がなく、ターゲットとする飲み手もおらず、ブレンド用に当てられたのだ。

「何本かは売れたんですけど、それまでの流通とは違うところに流したので、なかなか認知はされなかった。しかも、出てくるのは、酒質や味の話ではなく、ずっと価格の話だけ。ばんばん値段を叩かれました」

大学時代に酵母を研究していた渡邉は、「酒は、香りも味わいも、すべて酵母」と思っていた。酵母で酸も調整できる。香りも調整できる。そんな頭で帰ってきたのだ。しかし、実際に蔵に入って造り始めると、その考えが脆くも崩れていく。米によっても、水によっても、全然違うということがわかったのだ。渡邉は、現場で新しい酒造りに没入した。

その間にも福禄寿の経営はどんどん悪化していった。普通酒をメインでやってきたが、いよいよ、その消費量の落ち込みがひどくなってきたのだ。福禄寿の周辺の酒蔵も次々と廃業し始めていた。もともと薄利多売で売ってきたが、「多売」が望めなくなってきたのである。右肩下がりの状況がもう四半世紀続いていた。

二〇〇四年、渡邉家一族が集まり、出資を募ることになった。増資して、心機一転再出発しようというもくろみだった。会社名もそれまでの渡邉彦兵衛商店を改め、福禄寿酒造株式会社とした。

名もなき純米吟醸酒の誕生

渡邉の中には、背水の陣で最後の酒造りをする覚悟があった。

学生時代、三軒茶屋の「赤鬼」という居酒屋に先輩に連れて行かれ、「これを飲んでみろ」と言われて手にしたのは「十四代」だった。その衝撃が忘れられず、ひとつの目標となっていた。

「それからずっと『十四代』の高木さんに、ある憧れを持っていた。高木さんも東京農大出身で、同じ東北の出。跡取り息子で、帰ってきたら起死回生の酒造りをした。自分もそんな感じでと勝手に当てはめちゃったんです。そこからずっと、綺麗な、美味しいお酒を造りたいと思い続けていた。でも、じゃあどうすればいいかというと、わかっていなかった。地酒の流通や販売に関しても。鑑評会で金賞を何回か獲れば、わーっと広まっていくのかな、ぐらいしかアイディアはなかったんです」

ちょうどその頃、渡邉は、秋田県酒造組合の講習会に出席する。そこには、東京都多摩市にある「小山商店」の小山喜八が講師として呼ばれていた。夜、蕎麦屋で懇親会が開かれ、たまたま隣に座った小山から、「若いのに頑張っているんだね。今度、東京に来るときは店に遊びにおいで」と声をかけられる。

渡邉は、ときを移さず、小山の店を訪ねた。駅から離れたところにあるのに、次から次へと客がやってくる。店内には、おびただしい数の酒があった。

渡邉が酒蔵の現状を話すと、小山からこんなことを言われた。

「一度自分で、酒をしっかり造ってみたらどうか。よければ、うちの店で全部買ってあげるから。そのかわり、一升瓶一本三〇〇〇円ぐらいのいい純米吟醸酒を造ること。そうすれば、居酒屋で一合七〇〇円で飲めるから。いまはだいたいそこら辺の市場なんだよ」

一升瓶三〇〇〇円となると、美山錦を五〇パーセント磨いた純米吟醸酒が造れる。渡邉の胸は躍った。

秋田に戻ると、渡邉はさっそく酒造りに入る。初めて上質な酒をタンク一本分造れることが嬉しかった。しかも、小山が待っていて、販売してくれると言っている酒だ。これまでは機械任せで造っていたところもあって、誰のため、何のためという造りをほとんどしてこなかった。目標ある初めての酒造りだった。

二〇〇六年冬、名もなき純米吟醸酒が誕生する。完成した酒の味は、香りが強く、甘く、料理と一緒に飲むというよりは、酒だけを味わうような強い酒だった。その後、年を追うごとに徐々に麴菌を変えたりしながら、味を引き締めていくことになるのだが、このときはまだ、グルコース（ブドウ糖）濃度の高い酒だった。

小山に勧められて造った酒ではあったが、渡邉としては、もはや出品酒のような特別な酒だった。その証拠に渡邉は、「袋吊り」で造ってしまった。もろみを搾るときに、袋を吊るしてゆっくりと自然の重みで酒を垂らすやり方で、手間がかかる。通常は、「ヤブタ」と称される機械で搾るわけだが、渡邉は、それを避けた。

小山に酒が完成したことを伝えると、小山はすぐに五ケース送ってくれ、と言ってきた。渡邉は、こう返した。

「ごめんなさい、五ケース送る前に、まだ、ラベルも何もできてないし、名前も決まってません」

　ちょうどその頃、たまたまひとりの男が福禄寿にやってきた。五城目にある居酒屋「なべ駒」に来たものの、開店時間にはまだ早く、調べたら近くに酒蔵があったから立ち寄った、ということだった。「フルネット」の日本酒プロデューサー中野繁だった。

　実は、中野は、ネーミングの大家だった。「飛露喜《ひろき》」や「賀茂金秀《かもきんしゅう》」といった名前をつけたのも中野だった。渡りに船と、渡邉は中野に新しい酒の名前を考えてもらえないかと依頼した。

　できたばかりの酒を中野が試飲し、帰った翌日、さっそくファックスが入った。

「一白水成」と書かれていた。

「一白水成」を小山商店に五ケース送ると、次の日すぐにまた追加で五ケースの注文が入った。一ケースに一升瓶六本だから、五ケースで三〇本である。それが、一〇ケース、一五ケースとどんどん増えていった。発送と同時に新たな注文が入っているということだった。タンク一本分七五〇キロの酒は、一年足らずで売り切れてしまった。

「翌年は、タンク三本で造ることが早々に決まった。小山さんが同業者である地酒の酒販店をいくつか紹介してくれて、さらに販路が広がったんです。日本酒業界の発展のために、という気持ちで動いてくれたんだと思います」

不慮の事故と蔵人たちの結束

二〇〇七年を迎え、「一白水成」は大きく動き出していた。

この年、小山商店での一年間の勤務を終えて、渡邉の五つ違いの弟、渡邉良衛が秋田に戻ってきた。酒造りをするにあたって、業界を学んでおいたほうがいいということで小山に一年間預かってもらって酒の知識を積んでいたのだ。

弟の良衛が酒造りを受け待ち、兄の康衛がマネージメントを担当するスタイルで蔵を回していければ、というのが渡邉の思いだった。

年末から続いていた忙しい仕込みの時期が終わり、ようやく少し手の空いた二月八日の夜のことだった。

泊まり込みで麹を見る作業も一段落つき、杜氏と頭《かしら》、兄、弟の四人で賄い飯を食い、酒を飲み、ほっと一息入れる。冬場の仕込みを語り、一シーズンの酒の出来を振り返る憩いの一夜が過ぎていった。

翌朝、渡邉は、熊本県の天草にある妻の実家を訪ねることになっていた。出産のために里帰りをしていた妻が長男を産んだので、渡邉は誕生したばかりの息子の顔を拝むつもりだった。

朝、クルマに荷物を積み込み、杜氏に、

「これから一度、蔵に向かう」

と電話を入れると、

「まだ良衛君が来てないんだよね」

と言う。

「昨日飲み過ぎたから、寝てるんじゃないですか」

と渡邉は返して、蔵へと向かった。

蔵に着き、そこに止まっている救急車を見た途端、さきほどの杜氏の「まだ良衛君が来てない」という声が蘇ってきた。あわてて蔵の中に入っていくと、ただごとではない雰囲気が伝わってくる。

人々がタンクの周りに集まっていた。ちょうど弟の良衛をもろみの中から引き上げているところだった。その瞬間、渡邉は、最悪の事態を覚悟した。

当然、天草行きは中止とし、妻には帰ってこなくていいと連絡した。

当時使っていたタンクは、密閉型タンクで、もろみの状態を見るためには、タンクの上まで登り、身を乗り出して中を覗かなければならなかった。その日の朝番でやってきた良衛がタンクを覗いたときにガスを吸い、一瞬気を失い落ちた、そう推測された。

これからというときに、右腕を失った兄の悲しみはもちろん深かったが、両親をケアし、葬儀の準備をし、と慌ただしさが渡邉を救った。

弟の死を機に変わったのは、蔵の雰囲気だった。

「それまで普通酒を造ってて、純米酒の『一白水成』へとシフトし始めたわけだけど、普通酒である『福禄寿』を造るほうが楽だし、『一白水成』はどちらかというと蔵人たちにとって、私にやらされている感というのがあったと思うんです。でも、弟が亡くなって、どこか弟のために、という雰囲気に変わってきたんです。いままでも、もちろんみんな協力してくれてたんだけど、何かひとつの目標に向かっていくという力が湧き出てきた感じがしました」

一方で想定外の事態も起きた。「事故が起きたような蔵の酒は飲みたくない」、と手を引いてきた取引先が少ないながらもあったのだ。

「『一白水成』ではなく、『福禄寿』のほうだったんですが、自然と離れていった取引先があった。人間不信とまではいかないけれど、ショックだった。逆に、応援してくれる人もたくさんいて、それに支えられました」

経営状態も相変わらずふるわなかった。「一白水成」が少しずつ売れ始めたとはいえ、赤字は一向に減らなかった。「福禄寿」の落ち込みは続いていた。渡邉が帰郷したときに二五〇〇石あった生産量は、この年、実に一〇〇〇石を切るまでに激減していた。

三年連続で金賞受賞の快挙

二〇〇八年七月、仙台にある「カネタケ青木商店」の主人から渡邉のもとに一本の電話が入る。

「お前、サミットで一位になったぞ」

そう言われた渡邉は、洞爺湖サミットで何かあったのか、とまず思った。ちょうどそのとき、北海道で主要国首脳会議が開催されていて、サミットと聞いてまずそれを思い浮かべたのだ。

サミットとは、日本酒の鑑評会「仙台日本酒サミット」のことだった。全国の酒販店が集まり講習を受け、利き酒をする会だった。銘酒専門「カネタケ青木商店」が「一白水成」をその会に参考出品のような形で出したところ、ブラインドフォールドテストの結果、一位に選出されたのだ。審査するのは、蔵人や酒販店など日本酒のプロフェッショナルである。

これを機に「一白水成」の名は一気に広まり始める。「一白水成」を求める酒販店も次第に増えていく。もっとも、普通酒の落ち込みは止まらなかったから、なかなか蔵の黒字化まではいかなかったが、いい兆しだった。

秋田に帰ってきた当初、渡邉は、醸造試験場の先生からこう言われている。

「この水じゃあ金賞は獲れないよ。中硬水では」

この言葉を受けて、渡邉は、水道水を試しに使ったりもしてみた。教科書にも酒造りには軟水がよいと書いてある。農大でも「軟水醸造法」を教えられ、酒は軟水と叩き込まれてきた。

しかし、考えてみれば、なぜ、この五城目という町で、ご先祖様は酒造りを始めたのか。

やはり、ここにいい水があったからだろう、という考えに至った渡邉は、すべてを地元の水で造ることにした。ワインであれば、いいブドウのできる土地を求めて、その地でワイナリーを始める。日本酒は、米ではなく、実は水だろう。いい水が出る場所で酒蔵は始まっているのがほとんどではないか。そう気がついた渡邉は、水道水を使うことも他の土地から水を持ってくることもやめて、すべて裏山から流れてくる水脈の地下水を使うことにした。

「硬水の発酵力はバランスがとれない、雑味や苦味が出やすいと言われているので、そこを逆手にとって、麹を変えたり、甘さを増したりやっている。『一白水成』の味わい、ちょっとしたコクは、水から来ているのかな、と思う」

「この水では絶対に金賞は獲れない」と言った醸造試験場の先生に、渡邉はすぐに電話した。心の中で快哉を叫んでいた。中硬水でも美酒が造れることを証明したのだ。

翌二〇〇九年、二〇一〇年も「一白水成」は「仙台サミット」で一位を獲得。この時点で、蔵のタンクの仕込み本数の半分は「一白水成」になっていた。

山田錦に負けない秋田の米を

二〇〇八年、渡邉は、「五城目町酒米研究会」を立ち上げる。地元の農家一〇軒に酒米をつくってもらい、それを買い上げ酒にする、ということを始めたのだ。

「みなさん、専業農家で食米の『あきたこまち』をつくっているわけだけど、米の情勢もいまなかなか厳しい。価格的にも食える値段じゃないし、モチベーションも上がらない。将来のことを考えると、自分の米が何に使われているかをしっかり感じた上で米づくりをしていくことが大事になっていくと思ったんです。そんな中、せっかく地元に酒蔵があるわけで、酒米をつくってもらえれば一番いいなとはずっと思っていたんです。自分のつくった米がこの酒になったとなれば、農家の人も嬉しいし、経営的にも安定するし、責任感も出てくると思った」

研究会では、蔵元、農家、町の担当職員、ＪＡ、農業試験場の人々と定期的に集まり、田んぼの調査、玄米のデータ分析などを行う。同時に、この年、まずは三反歩の米で、タンク一本分の酒を造り始めた。

渡邉は、地元産のものをできる限り使うことを目標に掲げる。しかし、県外産を使わない、と決めているわけでもない。たとえば、いまやブランドとなっている兵庫・吉川《よかわ》産の山田錦は毎年買い続けている。県外の他の米から勉強させられることが多々あるからだ。あえて「五城目町酒米研究会」のメンバーを引き連れて、山田錦の田んぼを見に吉川まで行ったこともある。

「農家の人って、自分の米が一番だと思っているんです。そうじゃなくて、もっといい米があって、こんなふうにしてつくっている、というのを直《じか》に見てもらいたかった。いい米なら、うちだって金は払いますよ、と。農家の方の気持ちを高ぶらせたかったんです」

たとえば、秋田のJAの担当者と話をしていると、「今年はどうだった？」と訊いて「ダメだった」というときのダメは、量の多寡を表していた。品質ではなく数量なのだ。そこが兵庫との差だと渡邉は考える。

山田錦の利点は、麴の出来のバランスのよさ、米の溶け具合、酒にしたときの熟成具合、夏越えしてからのしっかりとした味の乗り、といくつも挙げられる。

「山田錦の特徴は、お米の心白にある。線状心白といって線になっているんです。これは山田錦にしかない特徴。この線の心白に麴菌が入り込むので、非常にバランスのとれた麴の米ができるんです。各県で、山田錦の線状心白をサラブレッドのように自分のところでもつくろうと求めるんだけど、なかなか出てこないんです」

渡邉が望むのは、米に付加価値をつけ、適正価格で流通させること。そして、適正価格で自らが買い取ることだ。

渡邉は毎年、兵庫に足を運びながら、「地域の取り組みが全然違う。もちろん、ものもいい。秋田も負けられない」と思って秋田に戻ってくる。

当然、兵庫・吉川産の山田錦は、値段も高い。秋田の美山錦が一俵一万七〇〇〇円前後だとすれば、山田錦は二万七〇〇〇円もした。

「これぐらいの金額で流通しているということも農家さんに伝えたいし、もっともっと農業には未来があるとも言いたい。実際に、『俺らは俺らで生き残る道はあるんじゃないかと希望は見えた』という農家さんの声も耳に入ってきて嬉しかった」

渡邉が地元農業の振興を願うのは、それがすなわち五城目町の復活につながっていくと思うからだ。

第4章

新政

伝統と革新の探究

新政酒造株式会社　代表取締役社長　佐藤祐輔（1974年生まれ）

「一白水成」の渡邉康衛が新たな酒造りを一歩、また一歩と進めていた二〇〇七年秋、「新政」の佐藤祐輔が秋田に帰郷した。自ら、酒造りに参加するためである。

しかし、そのわずか三年前まで、佐藤は、日本酒に対してひどい嫌悪感を抱いていた。いや、酒類すべてに対しておしなべて興味がなかったのだ。安い居酒屋チェーンで安い焼酎を割って飲むのが関の山。ただ酔うためだけに飲んでいるという状態で、酒に無駄な金を使おうという気持ちは微塵もなかった。当然、家業を継ぐ気もまったくなかった。

しかし、ある瞬間から、一八〇度、佐藤の志向は変わる。一五〇年続く酒蔵の血が突然どくどくと流れだし、日に日にその速さを増し、誰にも止められない奔流となっていくのだ。

帰郷から一年後、佐藤は、早くも渾身の酒を生み落とす。

「やまユ」――。

このわち巻き起こる「新政」旋風の最初の革命的な一撃だった。

秋田の風雲児は、帰郷後わずか一年で、日本中の蔵人たちが知る人物となっていた。

「磯自慢」との出会い

中学高校時代に佐藤祐輔が夢中になっていたのは、音楽だった。自らもバンドを組み、学園祭に出たりもした。プログレッシブロックを中心とした音楽や、カウンターカルチャー、文学などへの興味が募る一方で、勉強は反抗心もあってほとんどしなかった。ただ、東京へ出たいという思いは強く、秋田高校を卒業後、明治大学商学部へと進む。しかし、たいして強い意志もないまま入学した大学にはあまり通わなくなり、ひとり音楽や文学の世界に浸っていた。

「子どもの頃から落ち着きがなくて、忘れ物が多くて。興味が向かないものと対するのが本当に苦痛なんです。授業を受けてもよほど面白くないと寝落ちしてしまう。だから大学に入ってからも、簿記の勉強など手がつかないし。本当にダメ人間で、興味のわかないものはまったくこなせなかった」

のちになってわかるのだが、ＡＤＤ（注意欠陥障害）だったのだ。

佐藤は、そんなある日、ダニエル・キイスの『アルジャーノンに花束を』を手にする。知的障害と天才の境界を描きながら、人間性とは何かを問う小説だ。

「自分の精神的なものとかにちょっと問題があるんじゃないかと感じてたんですよね。そういうのもあって、自分のことをよく知りたいと思った。で、どこかの大学の心理学科に入り直そうと思ったんです」

一年後、佐藤は、東京大学文科三類へと進んだ。しかし、教養学部で社会心理学などを学ぶうち、小説のドラマツルギーに惹かれている自分に気づく。『アルジャーノン』にしても、心理学を題材にした小説に感動していたのだとわかり、物書きを志すようになる。一日一冊ペースで小説やノンフィクションを読む日々が続いた。

専門課程で英米文学科に進んだ佐藤は、アメリカのヒッピー文化に惹かれていく。一方で、金を貯めては東南アジアやインドへの旅を繰り返した。ハーマン・メルヴィル、マーク・トウェインや、ビート・ジェネレーションであるウィリアム・バロウズ、ジャック・ケルアックなどを読みあさった。卒論は、「ボブ・ディランとビートニク」だった。

卒業後、在京テレビ局に就職が内定したものの、結局、佐藤は物書きを選択し、アルバイト生活へと入っていく。家庭教師をはじめ、オムレツ専門店、郵便局、冠婚葬祭会社の下請けなどで働きながら、小説を書く日々だった。シナリオの専門学校で脚本の勉強もした。サークルに入って短歌も書いた。が、最終的にめざしたのは、ジャーナリズムだった。

「ジャーナリストと知り合ったりしているうちに、文学とか創作よりも、ジャーナリズムのほうが世の中のためになるんじゃないかと思い始めてきた。もともと好きだったカウンターカルチャーの社会正義みたいなものを、また意識しだすんです」

その後、佐藤は、ペンネームでＡＤＤに関する本とヘアーケア業界をルポした二冊を上梓。雑誌にもオーガニックや地産地消、農業問題といった社会性の高い記事を積極的に寄稿していく。

そして、そんなある日、一本の日本酒と出会うのである。

二〇〇四年夏、あるジャーナリストの会合が伊豆の居酒屋で開かれたときのことだ。五、六人の会だったが、佐藤が「新政」の御曹司であることは知られていて、居酒屋でもその話題になり、日本酒を勧められた。

「それまでの人生の中で、そもそも日本酒のために使う脳みそは、一ミリもなかった。他のことでいっぱいで。先輩や友だちと飲みに行っても、冠婚葬祭の場でも、ビールと焼酎は口にすることはあっても、外で一度も日本酒の洗礼は受けたことがなかった」

そのとき勧められた日本酒は、居酒屋のお膝元、静岡の「磯自慢」特別本醸造だった。「磯自慢」のラインナップの中では最も大衆的な酒である。

佐藤は、故郷を離れて初めて日本酒を口にする。

「バーンと酒が入ってきて、なんだ、こりゃと思った。日本酒ってこんなに旨かったのか、と驚いたんです」

その昔、秋田で触れた日本酒とはまるで違う代物だった。

佐藤は、このときの自身の日本酒に対する深層心理をこう分析した。

「自立して生きたいとか、自分の道を見つけたいというので、無意識に実家や秋田、故郷と距離を置こうとしていたため、日本酒に対してあまり感度を開いてこなかったのかもしれない。そんな中、自分の仕事が回り出し、漫画の原作やシナリオでも評価され、収入も増えてきた。そうした充実感が、いままで無意識に張り巡らしていた実家とお酒に対するガードを、この日は緩めてしまっていたのではないか」

思い返せば、カウンターカルチャー的な視点から、ローカリズムをテーマにした取材も増えている。日本酒は、まさに題材としてありなのではないか。可能性に満ちたテーマなのではないか——。

ほどなく、そんなことも思うようになる。

それぐらい「磯自慢」から受けた衝撃は大きかった。

醸造セミナーへの入所

東京に戻った佐藤は、さっそく「磯自慢」をインターネットで取り寄せようとするも、人気で買えない。では、少し高めで美味しい酒をと、愛知の「醸《かも》し人《びと》九平次《くへいじ》」を注文してみた。届いたボトルはデザインがかっこうよく、飲んだらまた驚くほど旨かった。

その後も試飲をやめることはなく、佐藤は、一気に日本酒の世界に引き込まれていった。

試飲をしながら佐藤は、いつもどこかで故郷のことを考えていた。

「親父には、酒を送ってというのが嫌で言ってなかった。でも、うちの酒は、こういういま自分が飲んでいるような酒とは違うんだろうな、っていうのはなんとなくわかっていました」

四合瓶を取り寄せての試飲は、ついつい飲み過ぎてしまうため、佐藤は、銘酒居酒屋へと通い始める。住んでいた荻窪に「いちべえ」という店があり、ここでは、小さなグラスでたくさんの種類の日本酒を飲むことができた。

「店主と話をしていて、実家が『新政』だとぽろっと言ったら、試しにこれを飲んでみなさいと小さなグラスにいろんな酒をついでくれた。それで勉強して、日本酒はすごいなって。その一方で、こうしたら、日本酒はもっと文化的に戦えるのに、とかもだんだん考えるようになっていったんです。でも、そのときは、自分の蔵への思いというものはなかった。『新政です』と言いながら、自分の家の酒は全然飲んでないし、継ぐ気持ちもこのときはまったくなかったから」

佐藤がこのとき思っていたのは、日本酒について何らかの一文を書けるのではないかということだった。

しかし、日本酒を知れば知るほどその奥深さに突きあたり、簡単ではないことがわかってくる。造り方、歴史的社会的背景、流通……。立体的に見るには、ワインのことも知る必要があるだろう。世界の酒の中で日本酒はどんな位置づけなのか。ジャーナリストとして書くのであれば、徹底的に調べ尽くしてから迫りたかった。

佐藤は、北区滝野川にあった「独立行政法人酒類総合研究所」への入所許可を父親に求めた。蔵元の子弟であれば入所できる醸造セミナーである。

一ヶ月半の醸造講習、二回の酒造り講習からなるセミナーには、名だたる蔵の製造部長や息子たちが来ていた。一方、佐藤としては、どちらかといえばジャーナリストの潜入ルポ的な立場での参加で、講習を受けつつも、並行して請け負った雑誌の原稿なども書いていた。だが、当然、他の人の目には、「新政」の跡継ぎとしか映らないわけである。

「米袋を持てば重さに耐えられず倒れ、要である夜の麹づくりのときには疲れ果てて欠席し、酒造りのチームの足を引っぱるような存在だった」が、実は、この講習の最中に、佐藤はひとつの根源的な命題を与えられている。

「講習で使う『清酒製造技術教本』という教科書を開いたとき、真っ先に『新政』の名前が出てきたんです。そこには六号酵母が現存の酵母としては一番古くて、『新政』の蔵から出たと書いてあった。これはどういうことなんだろう、結構大変なことなのかな、と思った。でも、そのわりにうちの酒は、東京では見ないし、いま売れて評価を受けている純米酒や吟醸酒とは明らかに違う。結局、古豪のような感じの地方の蔵なんだなと思うわけです。そこからだんだん自分の蔵が取材対象になっていったんです」

佐藤の心はこのあたりから大きく揺れ始める。

ジャーナリストとして脂が乗り始めたいま、自分は何をめざすべきなのか。これからやるべきことは何か。世の中に訴えるべきテーマは何か。そんな大事な時期にさしかかっていると思う反面、実家のことも意識し始めるのだ。

「九平次さんの酒を飲んだりしていて、これはもうアートだなと感じていた。実際セミナーで酒造りをしてみると、非常に神秘的で、生酛《きもと》とか山廃《やまはい》なんていうのも、ひとつの表現方法だと思った。同時に実家のことが気になってきて、これはちゃんと造ってみたらどうなんだろうと思い始めたんです。

それまでは酒造りを創作活動だとは思っていなかったんです。でも、滝野川で実際に造ってみて、創作活動になりうることがわかった。ものすごい悩んで、結局、酒をやったほうがいい、書き物はいつでもできるし、ということで切り替えた」

二〇〇六年、佐藤は、酒造りを志し、一気に走り出した。

すぐに滝野川の上級コースにあたる広島の酒類総合研究所への入所を決める。この段階で父親にも「酒造りをやる」と伝えた。意識としては、蔵を継ぐ、というよりは、酒造りに入る、という感じだった。経営というよりは、日本酒を創作してみたかったのである。

荻窪の家をたたみ、広島へと移り住んだ。

「注意欠陥障害の非常に典型的な例ですよ。思い込んだら、人の迷惑も顧みずやってしまう。自分の趣味だけで動いてしまう。でも、好きなことだから、そこでは不安とかストレスもないんですよね」

広島では、酒造りの実践を積んだ。小さなタンクでもっぱら最新の科学的な酒造りを学んだ。失敗をしながら、さまざまなスタイルを修得していった。

広島で経験を積みながら、一方で佐藤は、帰郷後の酒造りのスタイル、売る酒のイメージをすでに固めていた。

それは、これまでの「新政」のスタイルをぶち破る、まるで新しい方向性を持った酒だった。

普通酒との決別

この頃、秋田では、すべての酒蔵が苦境にあえいでいた。年に二軒ペースで酒蔵が潰れていくような状況だった。日本酒の需要は全国的に落ち込み続けていた。長期低落傾向に歯止めがかかる要素はひとつもなかった。

そうした趨勢の中で、「新政」だけが例外的であるはずもなく、このままいけば、佐藤の祖父の時代に蓄えられた剰余金は消散し、あと五、六年で債務超過に陥ることは明らかだった。

「水から少しずつ温度を上げていくと熱さに気づかず死んでしまう『ゆでガエル理論』と同じで、対前年比、九五パーセントが三年続けば、三年後には八五パーセントになっているわけです。そんな状態が慢性化したら、もう手が打てない。早く改革しないと、せっかく帰っても、自分が理想とする酒造りはできない、と思った。本当はもうちょっと長く広島にいて、腕を磨いてから帰るべきなんだけど、剣の上達を待っていたら、戦争は終わってしまう。もういいから戦ってやろうと思って秋田に帰ったんです」

このときの「新政」の問題点は、普通酒の帯域のみで長らく戦ってきていることだった。価格以外に付加価値を見出しにくい大衆酒の社会的役割が変わりだして久しかった。地元の人にできるだけ安くて品質の高いものを提供する意義を佐藤は重々承知していたが、損益分岐点を下回っている以上、このまま続けるわけにはいかなかった。

普通酒中心の路線を切り替えざるを得ないという結論は、広島にいた段階で出ていた。

「量を売らないと稼げないコスト構造と、価格設定がそこにはあった。父親や祖父はうちの酒を熱燗で飲んでいたけど、僕はそうじゃない酒を造りたくて帰る。自分が心底いいと思ったプロダクトでないものを造るのは難しいし、たとえやったとしても負ける。熱燗とか普通酒は、六〇歳前後の方が習慣的に飲まれているわけで、三〇歳の人間が見よう見まねで造ったって仕方がないと思った。もちろん普通酒が売り上げの八割を占めている以上、すぐに全部をやめたら会社は潰れてしまうから、徐々に日本酒はこうあったらいいな、というプロダクトを増やしていって、普通酒を減らしていくつもりだった。昔から、うちの酒を飲んでいたお客さんには本当に申し訳なかったんですけど」

二〇〇七年秋、帰郷してみると、酒造りの現場が思いのほか忙しいことに気づかされる。前年比割れが続いているのに、と佐藤が不思議に思っていると、需要予測が実にいい加減であることがわかった。需要が急速に落ち込んでいるにもかかわらず、前年並みの生産をしていたのだ。営業担当者が「前年対比で八割」とも言えず、生産量を落としていなかったのである。

二〇〇七年一〇月から二〇〇八年二月の酒造りのシーズンを終えてみると、実に二年半分もの莫大な在庫が貯まっていた。大変な余剰だった。

佐藤は、二〇〇八年から二〇〇九年には、もはや「丸々一年間普通酒を生産する必要はなし」、という決断を下す。

「このとき、高齢の杜氏をはじめ、通いで来ている蔵人たちにお暇を出した。それで、僕が信頼している杜氏や知り合いの六人体制で、一年間、好きな酒だけを造ろうと始めたんです」

秋田県の山内村からやって来ていた季節雇用の蔵人から、平均年齢三〇代前半の社員へと一斉に若返りをはかったのだ。

総生産量を一気に三分の一にまで減産しての、新しい日本酒へのアプローチが始まった。佐藤は持てるアイディアをすべて投じて、あらゆる日本酒の可能性をさぐろうとした。さまざまな米と酵母を調達し、次々と組み合わせてみた。県内産の酒こまち、秋の精、美山錦、県外産の山田錦、雄町、五百万石などの酒米……。「九号」、「一四号」、「一五号」、「一八号」などの酵母……。いわば日本酒の本質を探るための「実験」が繰り返された。

たとえば、二〇〇九年に産学共同開発で造られた「究《きわむ》」という酒。これは、秋田県醸造試験場長などを経て、秋田県立大学教授だった岩野君夫の指導のもとに作り上げた実験酒だった。岩野は、秋田県立大で、既存の市販酵母から優良株を再選抜する技術を確立した研究者だ。「究」では「きょうかい六号」（六号酵母）を母体に二次選抜を行って得られた「K601-pps1」という株を用いた。

醸造には、秋田県立大の醸造学講座の生徒も参加した。このときの醸造体験から日本酒に興味を抱き、酒蔵への就職を果たした学生もいたという。帰郷直後より、佐藤は、さまざまな角度から積極的に日本酒のボトムアップを仕掛けていたのだ。

衝撃のデビュー酒

数多くの実験酒の中でも出色だったのは、米が雄町、酵母は六号という純米吟醸酒「やまユ雄町」である。

「教科書で見た六号酵母は果たして本当にいいのかを知りたかったんです。それで六号を調べていたら、亀の尾と雄町という古い米を曾祖父が持ってきて使っているときに六号酵母ができたのかもしれない、ということがわかった。まだ帰郷した当時は、ほとんど誰も雄町は使っていなかった。それで造ってみたら、すごくいい酒が出来ました」

「陽乃鳥《ひのとり》」もいい出来だった。米が亀の尾、酵母は六号という酒で、仕込み水のかわりに大量の酒を用いて仕込んだ。

「『陽乃鳥』は貴醸酒で、古来からの製法で造ったものです。もともと甘い酒で、結構寝かして飲むのが通例なんだけど、我々は貯蔵熟成を行わず、搾りたてのものを出したんです。その頃は、こうした取り組みは誰もやっていませんでした。旨み、甘味があって、フレッシュなお酒になりました」

完成した「やまユ雄町」と「陽乃鳥」などをクーラーボックスに入れ、肩に担いで、佐藤は県内の酒販店や百貨店を回った。ちょっといい酒を置いていると思われる店である。しかし、反応は鈍かった。「いや、普通酒の『新政』があるから、これはいい」、「うちは、『太平山』と『高清水』だからいらない」、と味見すらしてもらえず、引き受けてくれなかったのだ。

「地元の人はやはり普通酒以上のものは飲まないのか、東京ではこういうフレッシュで爽やかな酒が喜ばれるのに」、と佐藤は肩を落とした。

ただ、県内の数軒の酒販店だけは興味を示してくれた。そのうちの一軒が能代にある「天洋酒店」だった。「山本」の酒を引き上げたあの「天洋酒店」である。

浅野貞博は、佐藤の造る酒が秋田の酒を変えたと明言する。

「秋田県の業界は、それまで、一人飛び抜けたのが出ると、みんな足を引っぱっちゃってたんです。どの業界も一緒かもしれないけど。それが、祐輔君は一人飛び抜けたというよりも、もう突き抜けちゃっているわけですね。そうすると、みんな足を引っぱるというよりも、ついて行こうとなった。その結果、秋田県の酒質が上がってきました。ラベルも変わったし、味も重くなくなって、飲みやすくなった。皆さん、『新政』を真似するというのではなく、いいほうに変えていくという意識が出てきたんです。祐輔君の帰郷を機に」

一方、「やまユ雄町」や「陽乃鳥」は、営業担当者によって、東京で開かれた問屋の展示会にも持ち込まれた。このとき、たまたまこの会場に来ていたのが酒販店の「はせがわ酒店」代表の長谷川浩一だった。

この頃、問屋の展示会はわりと平均点かそれ以下ということが多く、あまり気が進まず、長谷川はもう何年も自ら足を向けていなかった。が、この日は、たまたま気が向いて、ぶらりと久しぶりに立ち寄ったのだ。

会場には一〇〇ぐらいの銘柄がずらりと並び、試飲できるようになっていた。しかし、長谷川の関心を引くものは少なく、ああ、やっぱりいまひとつだなと思っていたところで、営業担当者から「『新政』を見てやってください」と声をかけられた。

「新政」を試飲した長谷川は、営業担当者に思わず、

「これ、どういうこと?」

と尋ねていた。「新政」の酒質が激変していたことに驚いたのだ。

「若い倅《せがれ》さんが帰ってきて造ったんです」

それを聞いた長谷川は、

「すぐに呼んできてくれ」

と発していた。

長谷川が翌日の自社の朝礼で、「すごい酒を飲んだ」と社員に言ったぐらいの衝撃だった。

後日、佐藤が長谷川のもとを訪ねてきた。長谷川は、一年間の酒造りの話を聞き、久しぶりにすごいやつが出てきたと嬉しくなった。

「これはいいのを見つけたな、と思った。ちょっと違うんですね、いままでの人の考え方と。まだ勉強中でしたけど、ウチで扱っている酒も随分取り寄せて研究していた。こいつは面白いと思ってつき合いだしました」

いわばプロトタイプに近い酒で、「新政」は、強力なファンを引き寄せてしまったので

ある。

秋田県内でも売ろうという当初の計画は、すぐに修正され、首都圏での販売が軸となっていった。目ざとい首都圏の酒販店が食いついてきたからだ。佐藤は、もはや営業に出る必要もなく、ひたすらプロダクトに専念すればよくなった。

この年に生まれたプロトタイプ群がこののち、延々と変化を続け「新政」の新しい顔を見せていくことになる。洗練され、進化し、次々に後継バージョンとして生まれ続けるのだ。逆に言えば、「やまユ雄町」はそれほど設計がしっかりしていたわけである。

「美しいものを捕まえたい」と生まれた「六号酵母」

二〇〇九年の出荷を機に、「新政」は、生産の中心を普通酒から純米酒へと移行させていく。同時に、伝統的製法への回帰をこののち終始求め続けることになる。

佐藤が二〇〇九年の酒造りの核に置いたのは、「六号酵母」だった。「新政」の蔵付き酵母、現在使われている最古の市販清酒酵母である。

「『やまユ』を出して、これが気に入って、六号酵母だけでいける、と確信したんです。

新しい『新政』の在り方にしたいと思ったんです」

六号酵母は、「新政」の中興の祖、佐藤卯三郎つまりは五代目佐藤卯兵衛の時代に発見された酵母だ。

五代目卯兵衛は、大阪高等工業学校（現・大阪大学工学部）を卒業後、秋田に戻り、酒造りに入った。大阪高等工業学校時代の同窓には、のちにニッカウヰスキーの創業者となる竹鶴政孝がいて、「西の竹鶴、東の卯兵衛」と称されたぐらい優秀だったという。

酵母は、国税庁直属の研究機関「国立醸造試験所」（現・「独立行政法人酒類総合研究所」）が特定の酒蔵から分離し、それを培養して、「公益財団法人日本醸造協会」によって各酒蔵に配布されてきた。これが「きょうかい酵母」と呼ばれる。各蔵についている天然酵母だと必ずしも安定的にいい酒ができないため、酒質のいい酒ができる蔵から採取した酵母を配布するのだ。

一九〇六年（明治三九年）に発見された「きょうかい一号」は、兵庫・灘の「櫻正宗」のもろみから発見、二号は、京都・伏見の「月桂冠」、三号、四号、五号は広島の蔵から分離された。

六号酵母の特徴は、摂氏一〇度以下という超低温でも発酵できるということだった。酵母の性質としては、まろやかで、発酵力は強いが、酸がちょっと低めというもの。六号酵母自体は、「酵母無添加」の生酛系酒母の仕込みによって生まれた、いわば天然の酵母で、遺伝的にはそれ以上さかのぼれない。逆に、六号酵母以降に誕生した清酒酵母は、すべて遺伝的に六号の突然変異であることがわかっている。

「新政」の蔵付き酵母六号が一九三〇（昭和五）年に採取され、一九三五年に発売されると大ヒットし、一号から五号までは誰も使わなくなる。戦時中は、まさに六号酵母ひとつで全国の酒が造られていた。六号酵母という低温耐性酵母の誕生によって、寒冷地でも安定して高級酒が造れるようになったのである。

そんな有用な六号酵母はどうやって誕生したのか。

古関弘は、佐藤の帰郷後、「新政」に入った杜氏である。一九七五年生まれの古関は、富山の酒蔵で働いたのち、出身地である秋田に戻ってきた。秋田県内のどこかの酒蔵に身を置くつもりで、試飲を繰り返したが、ひっかかる蔵はなかった。そんな中、「新政」から声がかかり、二、三年のつもりで入ったのだ。しかし、気がつけば佐藤の価値感に共感し、一〇年を超えて籍を置くことになってしまった。

その古関は、五代目の卯兵衛と八代目にあたる祐輔をだぶらせながらこう推測する。

「なぜ、うちの蔵から六号が出たか。それは結局、五代目が異常な人だったからだと思うんです。異常という言葉は少し変かもしれませんが。僕は職人あがりだからわかるんですが、日本酒って、経験によってタブーをどんどんつくってきて、そのタブーを犯さないことでお酒を腐らせない、いいお酒を造ると積み重ねてきたものなんです。だから、タブーを踏んじゃいけないんです。ところが当代を見ていると、タブーをタブーと思わないで、どんどん挑戦していく。当然、いっぱい失敗もするわけです。そういう姿を見ていたら、ハッと気づいたんです。

八〇年前の最大のタブーって低温にすることだったと思うんです。低温発酵したらお酒は腐っちゃう。ところが、五代目は研究して、低温発酵こそ美しい酒を造るためのキイだと思ったら、周りが止めるのも聞かず、当時としたら異常な低温発酵に突っ込んでいった。そして、そういう培地に酒の神様がポンと六号酵母を落としてくれた、そんなふうに思うんです」

そして、古関はこう結んだ。

「六号酵母って『新政』の蔵付き酵母と教科書には出ているけれど、実はそうじゃなくて、五代目についてきた『人付き酵母』なんです。五代目がタブーを犯さない普通の良識的な人だったら、うちから六号は出てないんです。それは、佐藤家の血で、美しいものを捕まえたいと思ったら、周りが止めようと何しようとやるし、ああ、それが五代目と八代目なんだということがわかったんです」

尋常ならざる創作への熱情

二〇〇九年から二〇一〇年に造る酒のすべてを六号酵母で醸すことを決めた佐藤は、次々と新しい酒を生み落としていく。

このシーズンに市販されたのは以下の酒だ。かっこ内は原料米名。

「桃やまユ」(改良信交)
「赤やまユ」(赤磐《あかいわ》雄町)
「陽乃鳥」(美山錦)
「亜麻猫」(酒こまち)
「見えざるピンクのユニコーン」(酒こまち)

「ネフェルティティ」（山田錦二〇%、美郷錦八〇%）
「梨花」（山田錦二〇%、雄町八〇%）
「オクトパスガーデン」（山田錦一八%、酒こまち八二%）
「ダークサイド・オブ・ザ・ムーン」（山田錦一八%、雄町一五%、美郷錦二五%、酒こまち四二%）
「究」（酒こまち）
「85%純米」（酒こまち）
「95%純米」（酒こまち）
「純米吟醸グリーンラベル」（美山錦）
「特別純米ブラックラベル」（酒こまち）
「山廃純米ホワイトラベル」（酒こまち）
「六號特別純米」（酒こまち）
「六號しぼりたて」（美山錦）
「六號なまざけ」（酒こまち、吟の精）
「六號ひやおろし」（酒こまち、吟の精）

「素晴らしき酒米の世界」

このシーズン、佐藤は実にタイプの違う酒を二〇種類も発表したのである。帰郷してわずか二年目のことだった。

最後の「素晴らしき酒米の世界」は、頒布会用の酒で、「きたるべき全量秋田県産米による純米化に向けて、『秋田県産の酒米の味わいを飲み比べてもらう』という企画」のために、六種類の原料米で六酒類の酒を造った。使用原料米は、美山錦（湯沢産）、改良信交（秋田市河辺産）、亀の尾（湯沢産）、酒こまち（秋田市雄和《ゆうわ》産）、秋の精（秋田市河辺産）、美郷錦（大潟村産）である。

もはや狂気というしかない。尋常ならざる熱情だ。佐藤は、蔵に入り浸り、ひたすら六号酵母と向き合い、次々と新たな酒を発表していった。

もちろん、実験的なところが多分にあったから、失敗作もいくつか生まれた。

たとえば、前年に造って成功した「翠竜《すいりゅう》」の醸造に、このシーズンは失敗している。「翠竜」は、佐藤曰く「『速醸酒母への決別』のために設計された初めての奇酒」だ。酸味料（醸造用乳酸）を用いずに、酒母を立て醸す。雑菌汚染によるダメージを最小にしなから、酵母を増殖させて造る酒だった。一年目には無事もろみはアルコール発酵にまで辿り着いたが、二年目はゴールを迎えられなかった。

「野生酵母と乳酸菌に冒されて、多酸酒になってしまった。酒母造りでは、酸度が高ければ高いほど、衛生的なバリアがないと、もろみの発酵にまで到達しないんです。僕は、今では乳酸菌の知識はある程度豊富にあると思っているけど、酒は何度もおかしくしてます。年に五本ぐらいは。そのたびになんでなんだ、なんでなんだとずっとやってきた」

あるいは、「やまユ」シリーズにおいては、「酒こまち」、「美郷錦」、「美山錦」、「亀の尾」などの酒米でも造ったが、実際には、「雄町」と「改良信交」の二種類しか出荷できなかった。佐藤の果てしなき好奇心が生んだトライアル・アンド・エラーと言ってもいいだろう。

「新政」の杜氏、古関は、蔵に入る前、秋田県醸造試験場の講習会に通っていた。

その講義で、講師にやたら質問を繰り返す男が最前列に座っているのを目にした。身体に布を巻き付けたような珍妙なファッションで、醸す空気が周囲とは明らかに違っている男だった。

「秋田の人は引っ込み思案で、あまり質問とかしないいんだけど、俺と彼はやったらめったら質問していた。でも、彼は、空気を読まないで質問しまくるという印象で、生物の教科書を読まないとわからないような単語で、やたら突っ込んだ質問をしていた。みんながもう休憩したがっているのに、時間を読まず、空気を読まず質問をしていて、すげえなあ、でもこんな人と一緒に働くとしたら大変だろうな、と思っていたんです」

古関は、佐藤祐輔とたまたま同じ講習会に参加し、狂気の片鱗を目にしていたのである。

湧き出るアイディア

こののちも佐藤の酒への好奇心、探究心、研究心は、とどまるところを知らない。とりわけ、この二〇〇八年から二〇一〇年にかけては、日本酒への思いが爆発した時期だった。

佐藤は帰郷後、酒造りでわからないことがあると、「ゆきの美人」の小林忠彦のもとを訪ねている。この頃の佐藤の様子を小林は、こう言う。

「いろんな造りをやり、ラインナップも多すぎるぐらいあったから、万が一失敗してもなんとかなった。私から見てて、当時は素人みたいなもんだったから、絶対にやっちゃいけないようなこともやっちゃうんです。微生物的に危ないような危険なことを。たちの悪い微生物が入ったら怖いわけですよ。日本酒は開放系でやっているから怖いんです。怖がらずに危ない橋を渡って、うまくいくときもありますけど、いかないときもあります。だから、止めろ、と言ったときもありますよ」

この頃の状況を杜氏の古関はこう説明する。

「その時点で普通酒の余剰在庫がたくさんありましたから、いま売るお酒をいま造らなきゃという状況ではなかった。将来のために失敗できる状況だったんで、興味があったらバーンと壁にぶつかって転んで、いろいろ勉強して、違う方向に行ってまたぶつかって、というのをやっていた」

古関にとっては、本来の杜氏や職人とは違った動きをする佐藤はこの上なく刺激的な人間だった。

「僕は職人仕事で育ってきたんだけど、職人って失敗できないんです。人から財産を預けられてお金に換える責任があるので。石橋を叩いても渡らないんですよ。同じ枠の中で自分の精度をどれぐらい高められるか、という仕事をするので。でも、うちの蔵は、もう止めてーって言っても、突っ込んでいってバーンとぶつかる。転んで、結局、教科書的な知見に戻るとしても、いろんなことを経験してからの教科書なので、意味もわかるし、理解していくのが快感なんです」

佐藤の狂気はまったく衰えることなく、ひたすら酒造りへと向かう。アイディアが次から次へと湧き出てきてしまうのだ。突然、真夜中に、蔵人に対して、こんなアイディアがある、とメールを送りつけたりもした。

佐藤が当時を振り返る。

「ベンチャー企業だったんです。僕には新しい酒のアイディアがいっぱいあって、こうしたい、ああしたいというのがあって、それでもうテンションが高くて、エゴイスティックで。それに周りがついてくるのは大変だったと思う。自分としては、死ぬ気で造っているから、酒に対する要求度は半端なかったし、完璧主義だし、いつも威圧的なオーラを出していた。秋田に帰ってきて、初めに結構気が合っていたようなヤツともぶつかって、辞めちゃったりしてた。赤字の会社を建て直して、ヒーロー気取りで、親父ともやっぱりぶつかったりしていたんです」

古関が蔵にやって来る頃には、その前にいた職人たちはみな耐え切れず辞めてしまっていた。古関自身は佐藤が考える方向性、酒造りの選択肢を理解できたが、ほかの人はそうではなかった。

古関が説明する。

「経験がある人はついていけないし、もたないんです。答えがここにあるとわかっているのに、探求的であるがために、わざと失敗するようなことをする。そうすると、蔵人は疲れてきて、心折れちゃうんです。僕は先のほうにはこういう目標があるんだろうな、というのが見えていたから大丈夫だったんですけど」

経営者、リーダーという立場であるべきところをつい離れ、創作者、造り手として打ち込んでしまう自身に悩みつつも、佐藤は、やはり酒造りの現場からは離れられなかった。妻が妊娠しているときですら家に帰らず、酒蔵に籠もり続けた。

個人で絵を描いているわけではなく、チームでやってるわけで、チームが崩壊したらいい酒はできない。自分の社員に対してハッピーにできない人が、長い目で見て、お客さんをハッピーにできるのか。それでいい酒が出来たとして、自分がハッピーなのか——。

佐藤はそんな自問自答をしながらも、駒を進めた。

二〇〇八年から二〇一〇年にかけて発表した酒、いや、それ以降のラインナップも、こうした犠牲の上に成り立って出てきた酒だとも言える。狂気の代償は当然安くはなかったが、このとんでもないエネルギーこそが、まったく新しい革命的な創造物を生み落としてきた、とも言える。

身近で佐藤を見続けてきた古関の評はこうだ。

「ものすごく求道的で、ミクロでモノが見えるんです。ミクロで見て、ハッと思ったときに、その現象をつかまえて掘っていく力がすごい。僕は目の前に起こっている現象を見て、理屈はわからないけど、こうなっているから、こうやったらこうなる、となんとなくゆるく管理しているんだけど、彼はその中に入っていって、教科書を見て、いろんな文献にあたって、わかった、というところまで突き詰めていく。

発酵は、複雑にいろんな現象が絡み合っているので、ひとつズレると、パズルになっている現象がズレる。だから、変えて変えてすったもんだやっていて、最初に戻るみたいなこともあるんです。でも、そうやって紆余曲折している間に、ものすごくいろいろなものを掘り下げて、元に戻っているので、結果としてとても勉強になっている。身についている。経営はめちゃくちゃ無視していて、学問する人、研究している人です」

佐藤は探求の手を休めることなく、突き進んでいった。

生酛山廃が持つ文化性

普通酒を減らし、純米酒への移行を加速度的に進めながら、佐藤は、一方で同時に、生酛、山廃化も遂行していく。

生酛は、江戸時代に考案された醸造製法だ（江戸時代には「寒酛」、明治期には「普通酛」と呼ばれていた）。桶の中で米と麹、水をまぜて摺りつぶす工程があるため、手間がかかり、また温度の管理、摺りつぶしの工程などが難しく、蔵人の負担が大きかった。酵母酛に比べると倍以上、二週間を超える日数がさらに必要だった。

生酛は、「半切《はんぎり》」と呼ばれる浅い桶に米を入れて摺りつぶし、米を糊化、それを酒母タンクに入れる。山廃は、米を徹底的に摺りつぶすことなく、蒸米をいきなり酒母タンクへ入れ「櫂入れ《かいい》」をよくすることで米を粉砕する。もともと「半切桶」で米を摺りつぶす作業を「山卸し《やまおろ》」といい、その作業をなくした製法ということで「山卸し廃止酛」と称されるようになった。つまり、明治時代に江戸時代の生酛の作業を簡略化したのが「山廃」である。ともに生酛系酒母であって、「乳酸菌の増殖と発酵」から「酵母菌の増殖と発酵」

という二種の菌類を育て、遷移されるという点でも、出来る酒母はほぼ同じである。

佐藤は、蔵に帰ってきたときから、生酛山廃による酒造りを想定していた。二〇〇八年から二〇〇九年のシーズン中に、山廃の講師として、「刈穂」「出羽鶴」の秋田清酒株式会社の製造部長である角田篤弘を呼んで指導を仰いでいる。このシーズンに出した「とわずがたり山廃純米」は、まさにそのひとつの成果だった。

佐藤がその背景をこう説明する。

「生酛山廃でないと速醸酒母という造りになっちゃう。それはどうかな、と思ってて。僕は純米が当たり前で育ったから、速醸とかを見ると、アル添（アルコール添加）と近いことをやっているじゃないか、という印象を持っちゃうんです。たぶん、普通酒に嫌気がさして本醸造しか造らない人とかいたと思うんです。そのあと、本醸造にも嫌気がさして純米にした世代があって。僕はもともと純米で入ってきたから、もっと先へ行きたいと思って、速醸をやめたんです。でも、僕のところは培養された六号酵母は添加しているわけです、発祥蔵なので当たり前だけど。いま、日本には全量酵母無添加の蔵なんて一軒しかありません。千葉の『五人娘』（寺田本家）です。培養酵母を使わない造りは、それぐらいすごく難しいんです。でも、僕の次の世代にはそういう造りが普通になって、『きょうかい酵母』とか使用しないで酒を造るようになるかもしれない。僕もすでにとりかかっていますけど」

こうして佐藤は、醸造用乳酸や酵素剤、発酵補助剤などの添加物を入れる一般的なやり方を排除していった。

「速醸」で使う醸造用乳酸は、生酛の作業をやらないための添加物。また、麹の代わりに用いるのが酵素剤で、米を溶かす役割を果たす。麹を強くしすぎると発酵が汚くなり、味も重くなりがちで、むしろ酵素剤を使うことを勧める人もいる。さらに酵母に栄養を与えるミネラルなど、添加物を使えば、美味しいお酒を簡単かつ安定的にどこでも誰でも造れるわけで、「速醸酛」の意義はもちろんそれなりにある。

逆に言えば、生酛が廃れたのは、速醸の二倍以上の手間と時間がかかり、安定するには、職人的な技術が必要なためである。

古関は、近代の酒造りをこう説明する。

「昔は名杜氏しか完全に美味しいお酒って造れなかったはずなんです。その名杜氏の神様みたいな技術を、物質に置き換えてきたのがここ何十年かの酒の歴史なんです。山廃とか生酛は、ヘタな人がやると、酒を腐らせて蔵が潰れてしまう。神様みたいな人が造った美味しいお酒を誰でも造れるようにしましょうよ、というのが現代なんですね。ただ、僕は、社長が添加物をすべてやめようというところまで行くとは想像ができなかった。でも、考えてみれば、発酵を操って、文化的な飲み物を造っているのに、神様的な技術を求めないことの限界というのはあるわけです」

佐藤が生酛に求めているのは、何も無添加で自然製法であるという利点だけではない。その歴史性、文化的価値にも深い意義を見出しているのだ。

「生酛に惹かれるのは、昔の人が微生物の存在とか知らなかったにもかかわらず、知らない間に発明していたという謎めいたところ。誰かが単独で発見したとか、そういうものでないところが面白い。まだわかりきってないからこそ、その先にあるものに惹かれるし、文化的にもまだまだ掘られていないのが生酛なんです。化学的に、機械的にやっている限り、いずれ日本酒は行き詰まりになると思う。産業的にも。

たとえば、西洋医学的なやり方でも発展はあるわけですが、生酛には東洋医学的なところがある。菌自体を殺しちゃう、滅菌しちゃうのが西洋的な考え方で、それは速醸系の発想で明治以降の西洋側のスタイルが入ってきたときの発想なんです。生酛は、もっと共存しながらという、東洋的、日本的なところがあって、世界に持って行くにしても、生酛のほうが懐深くて、偉大なものがあるんじゃないかという気がする。実際に自分でやってても、いろいろと発見がありますし」

日本酒界のスティーブ・ジョブズ

一方で佐藤は、原料米に対するスタンスも早々に打ち出していく。

山田錦、雄町といった県外米を最初の二、三年こそ実験的に使いはしたものの、次第に、秋田県産米へとシフトしていくのだ。

そして、二〇一〇〜二〇一一年のシーズンからは、ついにすべて秋田県産米を原料米としてしまったのである。

一方、「新政」のメインの原料米調達地は、当初、秋田県南部の穀倉地帯である湯沢地区だった。湯沢は、広大な平野が広がる穀倉地帯で、大正時代から酒造用米の育成が奨励されてきた地区だった。

しかし、佐藤はより高品質な酒米を求めて契約栽培を推進し、雄和・河辺地区の篤農家集団「河辺酒米研究会」とともに、「酒こまち」、「改良信交」、「美郷錦」といった希少米の委託栽培を始める。

こうした手のかかる方法を選択するのは、小さな蔵が生き延びるための手段でもあると佐藤は言う。

「手間暇かけないで、合理的に、均一的に、安定的にというのは、やはり日用品の志向。逆に手間暇かけていますというのが付加価値になっていく。小さな会社というのは、大手メーカーと違って、いかにやらなくていいようなことに命をかけているかということが大事。培養酵母を使い、醸造用の乳酸を入れちゃえば速醸できるけど、それはやらない。あるいは自分の蔵の無農薬の田でつくった米から造る。味はパーフェクトなところをめざしながら、そういうバックグラウンドを完璧にしていきたいんです」

佐藤が強く意識するのは、日本酒の文化的価値の向上だ。単なる加工業ではなく、伝統産業であるという意識。酒造りも、広報的活動も、こののちの「NEXT5」での活動も、すべて日本酒の文化的価値を高め、広め、知らしめたいと思うからこその行動なのだ。そのためには、ローカリズムを徹底することがひとつの武器になる、という思いもある。それは同時に小さな蔵の個性にもなる。

「文化的なものを造るとしたら、文化的価値をお客さんに伝えることができるかどうかが大事。となると、少なくとも、お客さんと同じかそれ以上の文化全般に対する自身の考えを持っていないと、お客さんを感動させることはできないと思う。世界の中で日本文化はどうあるべきか、といった考えを造り手は自分で磨いていかないと、対抗できないと思います。単に美味しい美味しくないでもいいんだけど、最低限どれだけ思想的な部分を日本酒が獲得できるかというのがあって、それを抜きにして、普遍的な文化として世界の人に認めてもらうことはできないと思う」

こののち、佐藤の発言と行動の重要度はますます増していく。先鋭的な日本酒の旗手は、人々から激しく求められ、やがて日本酒界のスティーブ・ジョブズと称されるまでになっていく。豊富なアイディア、固定観念のなさ、決断力と行動のスピード、まさにジョブズだった。佐藤祐輔自身は、このあといささかもその手綱を緩めることなく疾走し、さらに求道的に、次々と手間のかかった日本酒を生み落としていくのである。

第5章

春霞

六郷湧水群が生む美酒

合名会社　栗林酒造店　代表社員　製造責任者　栗林直章（1968年生まれ）

栗林酒造店は、奥羽山脈の麓、正確に言えば、和賀岳《わがだけ》のある真昼《まひる》山地の山すそにある。大曲《おおまがり》と横手の間の仙北《せんぼく》郡美郷町六郷、「六郷湧水群」を抱え持つ町の酒蔵だ。町のそこここで湧き水が見られる。奥羽山脈がたたえた雪解け水が浸透してきて、東から西へとなだらかな扇状地を流れていく。

もっとも、「春霞」が使うのは、その比較的浅いところを流れる水ではなく、地下三〇メートルから汲み上げたものを仕込み水としている。

また六郷は、羽州街道と生保内《おぼない》街道が交じった旧街道沿いに位置し、米の集積地でもあった。江戸時代には、呉服屋なども立ち並ぶ賑やかな宿場町として栄えていた。

そんな水と米が豊富な地域だったからだろう、六郷周辺には、江戸時代には小規模ながら二〇軒ほどの酒蔵があったとされる。

春霞の創業は、一八七四年（明治七年）だが、その後は、小さな酒蔵が集約されたり、廃業したりと年々減っていき、現在では、「春霞」と「奥清水」のわずか二軒が酒造りを行っているにすぎない。

そして、「春霞」もまた、二〇〇九年には、生産量が最盛期の四分の一以下の三〇〇石にまで激減し、廃業の危機を迎えていた。地元でも、東京でも、「春霞」はさっぱり売れなくなっていた。

痛感したブランド力のなさ

「春霞」七代目となる栗林直章が東北大学理学部を卒業し、蔵に戻ってきたのは、一九九五年のことだった。

栗林は、横手高校を首席で卒業した秀才で、得意だった化学を学ぶため東北大へと進んだ。東北大理学部では、生物の中の鉄やヒ素、銅などの無機成分を分析する分析化学の研究室に所属した。卒業後は、「メルシャン」に就職し、技術者として研究所や生産工場に詰め、和酒の部門で酵母や原料米などの研究に従事した。

四年ほど勤めたところで、父親が心臓手術で入院、その後脳梗塞を患ったため、帰郷した。このとき、「春霞」の売り上げは、全国的な需要の低迷と連動することなく、ピークを迎えていた。地元でも売れていたし、首都圏にも父親が営業をかけていて、そこそこ動いていたのだ。

しかし、実は一九九五年の一二〇〇石を境に、二度とこのピークを越える日はやってこない。毎年、売り上げを減らし続け、二〇〇九年にはついに三〇〇石を切るまでになってしまうのだ。

酒造りを始める前、栗林家は米を扱う庄屋のような立場だったのではないか、というのが七代目の推測だ。栗林の曽祖父、祖父ともに早死にしたため、もっぱら酒蔵を守ってきたのは、残された女性たちだった。栗林の父が婿として蔵に入り、そののちに栗林直章が長男として誕生したわけで、栗林がいかに大事にされたかは想像がつく。待ちに待った当主の誕生というところだったのだろう。

いわば栗林が酒蔵に帰ってきて継ぐことは、定まっていたのだ。

「うちの蔵は、もともと男性が当主ではなかったので、がんがん行く感じではなかったんだと思います。地域でもシェアが一番というわけでもなかったし、うちの親父が苦労してそこそこのところまで持っていったというところがあるんです。父からは必ず継げ、戻ってこいとは言われてなかったけれど、ぼんやりといずれ帰るのかなとは思っていました」

帰郷した酒蔵には、杜氏の亀山精司がいた。このとき六五歳。九号酵母の妙手である。酒造りに関しては、このベテラン杜氏に安心して任せることができた。

この頃、世を騒がせていたのは、山形の酒「十四代」の高木顕統《あきつな》だった。自分と同じ歳で活躍する高木を、栗林は、すごい人がいると遠くから憧憬していた。対して、自分の蔵は、評価を受けるような立場ではないこともわかっていた。

「メルシャン時代に東京の飲食店に行くと、『久保田』とか『八海山』、『上善水如《じょうぜんみずのごとし》』などは置いてあるけれど、『春霞』はほとんどどこにもなくて……。ただ、大吟醸ブームのときにちょっと紹介されたこともあったりして、『春霞』というブランドでいけるかなという甘い考えも持っていた。でも、そうはいかず、売り上げはどんどん落ちていったんです」

栗林は、自ら営業販売に出た。

「県内のほかの酒蔵から、『百貨店に一週間いて、年末には一〇〇万円売ってきた』という話を聞くと、それをやんなきゃと行くんですけど、最初からそううまくはいかない。行っても、その期間は売ってくれるけど、次の週は別の酒蔵が来るので、うちの酒を継続して販売してくれるわけではなく、結局、経費負けしちゃうんです。専門店さんに行っても、大吟醸ブームの名残でぼんやりと『昔とってた』と言われるのがオチで、けんもほろろで断られたりしていました」

問題は酒質だった。

「特徴がないね」、「もっと派手な酵母を使ってみたらどう?」、「特徴がないのが特徴だね」と小売店や酒販店からの評価はさんざんだった。

「いまから思うと、純米酒と言っても、アルコールをしっかり一八度、一九度ぐらい出して、それを濾過して、割り水して、瓶詰めしてとやっていた。ちょっと昔の造り方だったんです。無濾過生酒、搾ってそのままみたいなのが出回り始めてて、みんなその美味しさに気づいちゃっている時代だったので、昔のタイプの酒と貶《おとし》められていたわけです。でも、当時はそれがわからず、なんでだろう、なんでだろうと思っていた。亀山杜氏は、県内では九号酵母の亀山って言われていたぐらいで、私も口出す必要はないと思っていたので。何かちょっと欠陥があったとしても、微調整すれば、来年はもっといいはずだという感じで、ずっと変えずにやってたんです」

しかし、結局、来年がもっとよくなることは、なかった。

在庫の山との格闘

年々、石数が右肩下がりで落ちていく中、二〇〇八年暮れ、最大の危機が訪れる。その年の一一月頃から身体の不調を訴えていた亀山杜氏が検査を受けたところ、癌だと判明。仕事を続けることができなくなったのだ。

「誰か代わりを呼ぶかという話になったけど、最盛期の年明けから他所の杜氏をというのも難しく、亀山杜氏の下でやっていた麹屋と酒母屋と私の三人でなんとかやろうという話になったんです」

メルシャン時代に酵母などに触れた経験があったとはいえ、栗林は酒造りに関しては素人に近かった。亀山杜氏の傍らで作業を見ていたものの、具体的に何かを学び取ったという実感もなかった。

「亀山杜氏は、頑固で、何でも自分でやりたいというタイプでした。掃除するにしても、お前はここをやるな、とテリトリーを譲らなかったりした。酒造りの話を聞いていても、理解できないんです。理論立っているようで理論立っていなくて。話がちんぷんかんぷんなんです。そんなこともあって、酒造りって、杜氏さんが技術と勘でやるのかな、と勝手に思っていた。情緒的で感覚的、かつ抽象的で、理屈じゃないんだな、と」

毎年冬には、国税庁醸造試験所にいた難波康之祐に来てもらい、亀山と話をしてもらった。あるいは、伝説の杜氏、農口尚彦も招いていたが、たとえば、そこで話に出た麹蓋についても亀山杜氏に尋ねても、明確な答えは返ってこなかった。はぐらかされてしまうのだ。もろみへの櫂の入れ方にしても、洗米についても、振り返ってみれば、意図的に表面的なところしか教えてもらえなかったのだと栗林は気づいたものの、後の祭りだった。

ただ、栗林にとっては、自分の手で酒造りができることは喜びでもあった。

「『十四代』の高木さんが自ら造り、秋田県内でも、（「ゆきの美人」の）小林さんや（「山本」の）山本君が造り始めていて、私も自分で造るときが遅くはあったけど、ついに来たんだ、とわくわくしてやり始めたんです」

ただ、いざ始めてみると、思うような酒はできなかった。亀山の作業をなぞってはいるものの、ただ普通の酒を造っているだけ、という感は否めなかった。その間にもどんどん売り上げは落ちていっている。経営的には、すでにもう、引き際に来ていることは明らかだった。酒造りをやめなければならないボーダーはもう目前にあった。

その少し前には、亀山に対して、

「もう、うちの蔵はやめないといけないかもしれない。最終的には自分で酒を造ってみたい。一人でも最低二、三本は仕込めるだろうから、それでダメだったらやめる」

と栗林は宣言していた。

その頃、「春霞」で造る酒の七割は普通酒だった。高齢化が進む周辺地域では、もはや伸びを期待できない酒で、事実、このカテゴリーの落ち込みが著しかったのだ。純米酒と純米吟醸酒をなんとか伸ばしていきたかったが、手立てがなかった。

在庫は山のようにあった。税務署からも「この在庫は売れるのか」と問われたりした。瓶詰めした酒である。余った酒は、再ブレンドするしかなかった。

「一回詰めたものを全部栓抜いて、タンクに戻して、ヘタするともう一回濾過して、なんでこんなことやっているのか。何をやっているんだ、という感じでした」

東京や仙台への出張旅費も、もはや経費では出せないぐらいまでになっていた。自身の給料も長い間滞っていて、それもポケットマネーで補填していた。幸い不動産の賃貸収入があったので、赤字経営が続いても保っていたが、本業のほうがいつまでもつかはわからなかった。

栗林は、二〇〇七年に結婚したばかりだった。その翌年には子どもも授かった。大きな転機が迫っていた。

「嫁は、さほど景気のいい業界ではないということはなんとなくわかっていたんだと思います。『ヨーロッパにはうちよりも小さいワイナリーがごろごろあって、そういうところは、家族でワインを造って、それを夏の間、クルマに積んで各地のお祭りに行って販売して、ぐるっと回って帰ってくる。それで生計立てているところもあるらしい』と話したら、『それ、いいね』と言ってくれた。そんな覚悟すらありました」

初めての酒造りでの蹉跌

栗林は、麹屋、酒母屋とともに初めての酒造りに入っていった。

酒販店からは「華やかな酒を」と求められたが、亀山杜氏と同じ九号酵母を選択する。

「県内の一部の人の認識だと思うけど、『春霞イコール九号酵母』ととらえられているようなところがあるので、そこは変えちゃいかんだろうなと思った」

東京の酒販店「神田和泉屋」の社長横田達之から言われた言葉も胸に響いた。

横田はこう言った。

「亀山さんが九号でやってきた価値があるし、『春霞』はそれでいいんだ。本物のしっかりした味でいくべきだ。あまり華やかな酒はどうかなと思う」

栗林が使う九号酵母は、熊本酵母ＫＡ-４と呼ばれる「九号系酵母」だ。味ががつんと出る、いわゆる「押し味」が出る酵母だった。さらっとしているわけではなく、ちゃんと芯のあるお酒にする酵母だ。

水は成分的にミネラルが少ない軟水。これを酒蔵内の地下三〇メートルまで掘った井戸からポンプで汲み上げる。メカニズムははっきりしないが、何年か経つと水の出が悪くなる。枯れてきたら、別の場所に深さも変えて新たに井戸を掘り、汲み上げる。湧き水は、地表の影響を受けやすく、また、季節によって水位が一定しないので、井戸を使う。一番必要とする冬場に水位が下がることが多いのだ。

栗林は、亀山の使っていた九号酵母と山田錦、美山錦などを合わせ、最初の酒を醸した。が、もちろん、旨い酒はできなかった。

「亀山杜氏と同じ造りをしたら、ガチガチの、いったいいつが飲み頃なのか、という硬い酒ができた。一年おいて酒販店に持って行っても、もう三年ぐらいいけるんじゃないかというぐらいの硬い酒でした」

麹のつくり方、もろみ、発酵のスピードなど、問題はそこここにあった。

二〇〇九年、初めての酒造りは、決してうまくいったとは言えない結果に終わった。

酒造り一年生にとって、思わぬ幸運が舞い込んで来たのは、翌二〇一〇年のことだった。

「試験場で酒の持ち寄り研究会があったときに、山本君から『ダンチュウ』に出ていた『魂志会』みたいなのをつくろうと言われた。僕もそれは読んでいたし、四人のことは知っていたので、すぐに参加を決めました」

この「NEXT5」のメンバーたちとの出会いによって、このあと栗林の酒造りは大きく変わっていく。

三〇〇石からの復活

二〇一〇年、「ゆきの美人」はすでに安定し、「山本」は浮上のきっかけをつかみ、「一白水成」は急速な伸びを見せ、「新政」は早くも日本酒界の新星として輝きだしていた。

そうした中で、「春霞」は明らかに大きく遅れをとっていた。

『一白水成』はブランドとして伸びていたし、山本君は東京に営業に行っているというし、酒造りの面でも、麹の話ひとつとっても、ついていけなかった。まだ自分のところは出張旅費も出せないでいるのに、みんなはどんどん進んでいる。もう情けなくて、いつになったら、この人たちと同じレベルに立てるのか、と思っていました。だから、ちょっと恥ずかしくて、最初のうちは腹を割って話せない感じもあったんです。あまりにも酒のことを知らなくて」

それでも、秀才の栗林は、ひたすら真面目に勉強し、酒造りに取り組み続けた。

その結果、「春霞」の酒質は、じわじわと上がり続け、この数年後には高い評価を受けるようになるのだ。

そんな中、栗林にとって嬉しい出来事もあった。

ある夜、「神田和泉屋」の社長から電話がかかってきた。栗林は、何かやらかしたかな、と一瞬思う。しかし、社長から出た言葉は、「赤ラベル、美味しいね」だった。純米酒「春霞」の赤ラベルを出した年で、その方向性が認められたことに栗林は胸をなでおろした。そして同時に、この路線で行こうと確信していた。

三〇〇石を切った二〇〇九年から、「春霞」は、毎年順調に一割から二割ずつ生産量を増やしていく。

栗林は、実直で、物静かで、誠実な人物だ。酒が造り手の性格をいったいどれぐらい反映するものかはわからないが、少なくとも、このの ち生み落とされる「春霞」は、栗林そのものと言ってもいい。控えめな性格、優しい物腰、静謐さはそのまま「春霞」の中に閉じ込められているような気がする。

日本酒市場のシュリンクは、その後も続いた。潰れる酒蔵もあとをたたなかった。

栗林は、もし「NEXT5」に参加しなかったら、自身も藻屑となって消えていたのではないか、と振り返る。

「『NEXT5』にいなかったら、いまの自分、いまのうちはないのは間違いない。どん底でしたからね。それを考えるとぞっとする。いったい、いま頃何をしてたんだろうと思う。営業面でもそうですが、酒質に関しては本当に影響を受けた。入った時点でほかの蔵とはレベルには差があって、それはいまも差が縮まっていないと思う。考え方にもまだ差があるから、なんとかして食いついていこうと思っています」

栗林が二度目の酒造りを終えた二〇一〇年四月、「NEXT5」は、いよいよ発足する。

第6章 NEXT5
最強軍団の誕生

秋田市内の居酒屋「ん。」での試飲会

料理専門誌『ｄａｎｃｙｕ』三月号に掲載されていた広島の蔵元集団「魂志会」の記事を見た「山本」の山本友文が「ゆきの美人」の小林忠彦に電話を入れたのは、二〇一〇年二月のことだった。

この号で、「新政」の佐藤祐輔とともに秋田の酒蔵として紹介されていた山本は、続いて紹介されている他県の酒蔵のページをぺらぺらとめくっていた。

県別でページが進むほど西へと進んでいく。他の蔵の動向を読み進めていた山本の手が広島県の記事でとまった。

タイトルには、「熱い想いで新たな味を。蔵元集団『魂志会』の結束」とある。左ページには、自分の蔵の一升瓶を手にした六人の広島の蔵元の写真。記事を読み終わった山本は、すぐに小林に電話を入れ、「秋田でも広島みたいな蔵元の会をつくりましょう」と呼びかけていた。

山本は、音楽業界に長くいただけに、こういう場面での直感は鋭かった。自分に何が足りないのか、いま何をすればマーケットで受け入れられるか、何を仕掛ければいいのか。平たくいえばアイディアマンなのだ。そして、思いついたら迷わず動く。

秋田五蔵の結集

このあと醸造試験場の利き酒会に来ていた「一白水成」の渡邉康衛にも山本はすぐに会のことを話し、参加を促した。

渡邉は、当時をこう振り返る。

「それまでずっと値段だけしか見てくれなかった時代が長くあって、酒質の話なんか一切してこなかった。そんな中で、『十四代』の高木さんが出てきて、いろいろと考えさせられるものがあった。そうやって、ちょうど地酒の世界を知り始めて、自分でもそっちに舵を切っていたときに出会ったのが『NEXT5』のみんなでした」

さらに、帰郷して酒造りを始めた「新政」の佐藤祐輔、杜氏が辞め、自ら酒造りを行うことになった「春霞」の栗林直章にも声をかけた。

こうして二〇一〇年四月七日一八時、五人は、秋田市内にある「仲寿司」の個室に集まった。

会を立ち上げることが決まってから、会の名前をメーリングリストであれこれやりとりしていたが、決まるには至ってなかった。鮨屋で議論した結果、浮上してきたのが「ＮＥＸＴ５」という名前だった。

少し前、「天洋酒店」が若手の蔵元を呼んで試飲する酒の会「酒ネクスト秋田」を能代と東京で開いていて、皆、どこかでその「ネクスト」という響きに惹かれていたのだ。

その場で、山本が「天洋酒店」の浅野に電話を入れ、いきさつを話し、「ネクスト」の名前を使うことの承諾を得た。会の代表を小林とし、担当、各当番などもここで決めた。

こうして、「ＮＥＸＴ５」は発足した。

「新政」の佐藤は、このときの状況をこう説明する。

「小林さんは蔵元杜氏としてすでにキャリアを積んでいて美味しい酒を造っていたけど、僕らは試行錯誤をやってて、単純に情報がほしかったんです。いい酒もあったし、悪い酒もあって、ボトムアップしたかった。山本さんはまだ酒造りがよくわからなくて、栗林さんのところはいい杜氏がいなくなって、やっぱり自分でやり始めたばかり。康衛君も農大の先輩の『十四代』の高木さんを見ていて、蔵元が造るのは大事だと思っているから、杜氏はいるけど、自分もやらなきゃという状況だった。最初は、小林さんに教えてもらいながら、みんなが技術の質を上げていくという感じでした」

こののち五人は、秋田市の中心街にある「新政」を主な集合場所にして、会合を重ねていく。

「『NEXT5』を結成したからいまの自分があると思っている」と言い切る山本は、会からあらゆる未知の知識や技術を吸収していた。

『NEXT5』でいろんなことを知ったことで、酒造りとか設備投資に活かせた。たとえば、『新政』の集まりでは、少し早く着いて蔵の中を見学すれば、見たことのない設備が入っている。お米を脱水する機械だったり、麹の重さを量るものだったり。じゃあ、うちもすぐに入れよう、とやっていました。それは、『新政』だけでなく、どこの蔵に行ってもそうで、必ず発見がありました」

「春霞」の栗林は、参加した当初、皆に質問もできなかったという。

「みんなの話を聞いていても、自分があまりにもお酒のことを知らなすぎて恥ずかしかった。いまこんなことをしている、という話を黙って聞いていました。突っ込んで話をするようになるのは、共同醸造を始めてからでした」

テイスティングという修行

会では、技術的なことも話し合われたが、スタート当初、最も頻繁に行われたのは、利き酒会だった。「仲寿司」での最初の会合の日も、会の名前を決めたあとに利き酒が行われている。

テイスティングの重要性を説いたのは、小林だった。

「みんな我流で全然利き酒ができなかった。最初からそこそこできたのは祐輔だけで。だから、定期的に酒を持ち寄り、みんなでブラインドで点数をつけて、あとで答え合わせした。それぞれコメントを言って。これは酒造りの上でも役立つし、勉強になったと思う」

もっとも、日本酒のテイスティングは、ワインのそれとは若干違う。小林が言う。

「ソムリエの人たちの表現の分類じゃなくて、我々は欠点を先に見つけていく蔵元系のテイスティング。基本的なオフフレーバー（品質の劣化によって生まれる異臭）をまず覚えて、あとは自分のテイスティングの評価軸をつくっていくんです」

ときに日本醸造協会のキット「清酒官能評価標準試薬」も用いた。清酒の香りの特性を共通の用語で表現できるよう酒類総合研究所が作成した「清酒の香味に関する品質評価用語及び標準見本」（吟醸香《か》、果実様《よう》、木香《きが》、甘臭《あましゅう》、老香《ひねか》といった香味特性）をベースに、製造現場などで必要となる一九種の香りの識別能力の習得を目的とした試薬だ。酢酸エチル、酢酸イソアミル、カプロン酸エチル、エタノール、カビ臭などがある。

小林が言う。

「皆さん、結構、日本酒は味だと思っている。でも、意外と味じゃなくて、香りなんです。極端なことを言えば焼酎にはほとんど味がなくて、あれは香りなんです。いずれにしても、いい酒を造る以前に、まずいいか悪いかの判断ができないと酒は造れないから。テイスティングはすごく大事なんです」

利き酒会では、自分たちの酒を持ち寄り、飲み、良い悪いだけで終わるのではなく、なぜダメなのかをみんなで討論した。「麹が悪いのではないか。もろみの持っていき方がよくないのではないか。ちょっとこの酒のもろみ計画書を持ってこい」とみんなで見て改善案を出したりした。渡邉にとって可笑しかったのは、小林の悪い酒に対する論評だった。

「全然ダメ、話にならない」と一刀両断するのだ。その辛辣さが小林の本領だった。利き酒会のあとは、必ず飲み屋に席を用意しておいて、料理と一緒に飲んだらどうなるかを試した。酒だけで飲んだときとは印象が変わることもあって、それが面白かった。

こうして、テイスティングは、二年ほどの間、徹底的に行われた。

この年の七月二八日には、秋田市内で「ＮＥＸＴ５」のお披露目会があった。イベント広場で、業界や酒販店、飲食店を排除して、一般の人だけに試飲してもらい、「ＮＥＸＴ５」を知ってもらう会だった。

「一白水成」の渡邉はこう説明する。

「まずは一般の人たちに日本酒のイメージを変えてもらいたい、という思いで『ＮＥＸＴ５』はスタートした部分も大きかったので、色目眼で見ない業界の人たち以外を呼んで広く知ってもらいたかったんです」

しかし、実は、このイベントに一人、業界の関係者が紛れ込んでいた。「はせがわ酒店」の長谷川浩一である。五人はどこでかぎつけたのかといぶかるが、わざわざ東京から会場に駆けつけてきたのだ。

長谷川は言う。

「祐輔が帰ってきて、何年後かに『ＮＥＸＴ５』をやり出したので、僕も入れてくれって言ったんですけどね。酒販店さんは入れないと言うから、いや、俺はいち消費者としてみんなを知っているんだから、入れろって、ひとり秋田まで乗り込んでいったんです。こいつらはひょっとしたら大化けするぞと思っていたんですけど、実際に大化けした。たとえば、『春霞』は一番地味だったんですけれど、地味なりに垢抜けていった。五蔵全部のレベルが上がった。最強の軍団ですよ。以来、あちこちの県の酒蔵にああいうのをやれ、と言ってきたんです」

発足早々、「ＮＥＸＴ５」は斯界に旋風を巻き起こし始めていた。

五人で醸す共同醸造酒

旗揚げも見事だった。この年の一一月、「ＮＥＸＴ５」では、五蔵が共同して酒を造る「共同醸造」をぶち上げたのだ。

のちに、他の地域でも盛んに行われるようになるが、これは画期的なことだった。

「天洋酒店」の浅野が言う。

「少し前は、五人の蔵元が一カ所の蔵に集まってひとつの酒を造るなんて、本当に考えられないことだった。我々の常識では、他の蔵に行くことはタブー。小売店でさえ、他の小売店に行くのは、なんか気がひけるぐらいで」

五人は、秋口から「新政」に通いだす。

酒母を担当することになった小林は、「新政」の蔵の中で、その頃の佐藤の実験の痕を目の当たりにする。

「作業するすぐ横に『新政』の商品のもろみがあったんだけど、その二本がもう完全にいかれてて、うわっ、これ酒になるの、と驚いた。匂いもそうだし、見る人が見ればわかる。どうしたんだろうな、あれ。なんとか酒にしたとは思うんだけど……。でも、その頃には、そんなことが結構あったんです」

共同醸造の現場には、取材陣も来た。

NHKの夕方のローカルニュースを見た浅野は、ある場面で可笑しさをこらえられず吹きだしていた。

それは、小林と佐藤が麹を触っているときのことだった。

その脇で腕組みをして見ていた山本が思わず、「緻密だな」と漏らしたのだ。では、山本はこの作業をいったいどんなふうに行っていたのだ、と浅野は思ったのだ。

のちに、小林が『ＮＥＸＴ５』をやって一番得したのは、山本だよな」と冗談交じりに言ったことがあった。つまりは、一番短時間で技術を吸収し、勉強して急伸したのは、山本だったということだ。それだけ伸びしろがあったのだ。

五人の中で最も若い渡邉は、「ＮＥＸＴ５」が発足してまもなく、こんなふうに感じていた。

「みんなそれぞれ自己主張はあるんだけど、ある程度引くところは引くし、尊重するところは尊重する。なんでお前はこうなのか、もっとこうしたらいいのに、みたいな突っ込んだ会話もあるけど、それによって、自分の蔵の方向性も見えてくる。ひとつの蔵では力の発揮って限度があって、僕ら五蔵が集まったことで、×《かける》五ではなくて、それ以上のもっと大きな力になるな、というのを感じていました。『一白水成』だけでやっているときと、『ＮＥＸＴ５』になって、東京に出たときの爆発力は全然違うな、というのもすごく感じた。農業を含め、業界を変えていくような力になれれば、と思っていました」

二〇一〇年にスタートした「ＮＥＸＴ５」は、こののち、一年また一年と、その存在感を増していく。

共同醸造酒は、持ち回りで五蔵それぞれが担当したのち、また新たなステージへと向かっていくことになる。

飲食店を巻き込んだイベントも、こののち盛んに行われるようになり、それもまた、年々洗練されたものとなっていく。

そして何よりも「ＮＥＸＴ５」の五蔵それぞれが刺激しあって、酒質をどんどん高めていくことになるのだ。それがおそらくは、「ＮＥＸＴ５」の最大の功績と言ってもいい。旨い酒が五蔵からどんどん湧き出てくるのだ。もっとも、その人気の高まりとともに、日に日に入手もまた難しくなっていくわけだが。

第7章 米づくりへのアプローチ

鵜養に向かう途中、秋田市内にある「新政」の契約田

二〇一一年三月一〇日、「ゆきの美人」の蔵元杜氏小林忠彦は、東京で問屋の展示会に参加していた。「ゆきの美人」を扱い始めた日本酒専門卸「花山」主催の会である。

小林は、「売り上げ増の強い手ごたえを感じ」ながら、最終便で羽田から秋田への帰途についた。

翌日、いつものようにマンション内にある酒蔵に出て働いていると、突然、大きな揺れが来た。東日本大震災の発生である。

東日本に住む誰もが、前日までの日常生活を一変せざるを得なくなる大災害に、日本中のあらゆるイベントや祝賀会などが早々に自粛を決めていた。

いったい東北は、日本は、どうなるのか。復興にはどれぐらいの時間が必要なのか、福島第一原発の収束は果たして可能なのか。自粛ムードの中で消費は落ち込むのではないか、と人々の心配はつのっていった。未曽有の災害に混乱はしばらく続いた。

しかし、数ヶ月が過ぎた頃から、日本酒界では意外なことが起こり始める。

日本酒市場の劇的変化

東北支援の声が高まるにつれ、首都圏の飲食店などで東北の酒を飲もうというキャンペーンがそこここで打たれ始めるのだ。とりわけ、甚大な被害を受けた宮城、福島の酒が居酒屋のテーブルに並んだ。

小林が振り返る。

「はっきり言えば、秋田のお酒より宮城、福島はもともとクオリティが高かったんです。ワンランク上の酒をずっと造ってましたから。震災をきっかけにそれを初めて飲んだ人たちが、かつての悪いイメージの日本酒と違って美味しいじゃないか、と思うようになった。それまで日本酒は、変な混ぜ物はあるし、酒臭いし、いいイメージはゼロだった。だから、需要が落ちていったんだけど。特にこのとき新たに飲み始めた若い人が美味しいと感じたんだと思います」

「はせがわ酒店」の長谷川はこう説明する。

「日本人って、やっぱり、ああいう大きな災害のときには団結するじゃないですか。せっかく居酒屋に来たんだから、いつもの焼酎じゃなくて日本酒を飲もうよ、という空気になった。本当に東北のお酒の在庫は空っぽになりましたから。言い方は悪いかもしれないけど、古い在庫もきれいになくなっちゃって、非常にフレッシュになった酒蔵もあるんです。そこそこ売れている酒蔵でも、ローテーションが悪く、売れ口が遅いから、味がひねっぽかったんだけど、在庫一掃でフレッシュになったというところもありました」

この動きは東北全体のみならず、やがて全国へと広がっていった。

「東北が美味しいなら、地元の酒も旨いのではないか、と自分の土地の酒にも目を向けるようになっていくんですね。広島の酒も飲んでみよう、新潟の酒も飲んでみようとなっていったんだと思うんです。それまでも美味しい酒はずっと美味しかったんですが、あまり振り向いてもらえなかった」

その結果、最も伸びたのは、純米酒を造る小さな蔵だった。日本酒全体の需要が右肩下がりという構図は変わらないのだが、そんな中で、小さな蔵が造るクオリティの高い酒だけは伸びていたのだ。逆に言えば、普通酒の紙パックやワンカップ市場はシュリンクが続いていた。ひとつには、長らく飲んでいた高齢者たちが体力的にも飲めなくなったり、鬼籍に入ったりしたからだ。ある酒販店で毎月着実に三〇本売れていたワンカップ酒が、ある日を境に一切売れなくなったことがあった。調べてみてわかったのは、たった一人の愛飲者が亡くなったせいだった。そんな冗談のような話もあるぐらい、この頃から日本酒の市場は劇的に変化していたのだ。

そうした時代の変化の波とも「ＮＥＸＴ５」の勢いは、ぴったりと同調したのだろう。このののち、五蔵はいずれも著しく伸長し、震災から三、四年後には、それぞれが入手困難と言われるほどの人気酒となっていくのだ。

普通酒から純米酒へ

前述の通り、五蔵は五蔵とも、生産に占める普通酒の割合を年々減少させ、純米酒の割合を増大させていた。往時に比べ、生産石数は減るものの、酒質を上げ、価格も引き上げているため、利益率は高くなっている。どの蔵も純米酒化によって、単年度ではほぼ黒字化していた。

二〇〇七年に帰郷して以来、徐々に普通酒の比率を減らしてきていた「新政」の佐藤祐輔は、二〇一一年〜二〇一二年シーズンをもって、つまり二〇一二年の出荷分からすべての酒を純米酒化した。わずか四年間で普通酒を駆逐したことになる。

同時に、この年の四月、父親から社長の座を引き継ぎ、三七歳にして蔵元となった。

「普通酒は造れば造るほど莫大な赤字が出ていた。地元のお客さんや親父には申し訳ないと思ったけど、すべて純米酒にして値上げして、きちっとした価格体系にしました」

しかし、それまで「新政」の普通酒や本醸酒を卸していたスーパーマーケットや酒販店とは衝突を避けられなかった。

「本醸造をやめて純米酒にするので値上げさせてほしいとお願いすると、相手は拒む。侃《かん》侃諤諤《かんがくがく》やりあって、価格のことで、ちょっとでも負けろと値切られたら、その瞬間、その場で交渉ストップ、僕はもう降りちゃうんです。ふざけるなとなっちゃう。味のことを言われるのはいいんだけど、値段のことは言われたくないんです。それで結構、昔から取引しているところを失ったけど、そのかわり新しい店とのつき合いも始まった。

銀座の有名な鮨屋さんで、昔から使ってくれていた店があるんだけど、うちが純米化したときに、やっぱり、ちょっと味が変わったということで切られた。これもまた別の三つ星の店が名乗り出てくれて、純米酒での新たな取引が始まりました」

山本も、「ＮＥＸＴ５」の最初の共同醸造酒「Beginning 2010」が発売された二〇一〇年頃には、純米化を加速させていた。山本の蔵は変化と脱皮を繰り返し、酒蔵を訪れる見学者も増えていく。が、まだ豊かさを享受する段階には至っていなかった。

「天洋酒店」の浅野が振り返る。

「『ＮＥＸＴ５』が誕生してからというもの、地元の若いファンや東京からのお客さんが明らかに増えました。東京からのお客さんが来ると『白瀑』の蔵に連れて行くんだけど、当時はまだ瓶詰めの機械とかなくて、二列に人が並んで手作業でやっていた。ホースでお酒を入れて、次の人が量を計って、最後に山本さんのお父さんがキャップをはめる。お客さんが『すごい、手造りだ』と喜ぶから、『手造りだからといって、うめえとは限らねえな』と笑ったんですけど。冬、吹雪になると割れた天井の隙間から雪が入ってきたり、まだ、そういう時代でした」

二〇一二年に全量純米化した「山本」は、その後、一年また一年と純米酒の生産量を増やしていき、最終的には、自らが造り手となった年の四倍、蔵で造れる目一杯の量にまで伸ばしていった。売り上げで言えば、五倍ということになる。山本は、利益の多くを設備投資に回した。毎年、山本の蔵には、新しい機械が加わっていった。

「春霞」でもまた純米化を進めていたが、その動きは、「新政」や「山本」に比べると鈍かった。それは、栗林の性格として急激な変化を好まなかったことと、少なからず亀山杜氏のファンが蔵にはついていて、その思いを裏切りたくなかったからだ。二〇一二年から二〇一三年の頃の純米化率はまだ五〇パーセントほどだった。

五人の中で最も遅れて蔵元杜氏となった栗林が、技術的に「ＮＥＸＴ５」の共同醸造で学ぶことは多かった。

たとえば、二〇一四年の共同醸造は、「春霞」が担当で、小林ら四人が何回か栗林の蔵に足を運んだ。他の蔵に比べ、まだ酒造りへの熟練が足りないと感じていた栗林は、四人がやってくる前に、現場の蔵人にこう声をかけていた。

「いろんなことを言われるぞ。なんでこんなことをしているの？　と訊かれるぞ」

身構え、現場を煽っていたのだ。

栗林が振り返る。

「『なんでこんなことをしているの？』は、それまでの共同醸造でみんなから必ず出ている言葉でした。『なんで』をちゃんと考えると、理由がわかって、『じゃあそれでいいんだね』というときと、『だったらこうしたほうがいいんじゃないの』というときと、『だったらこれはやらなくていいんじゃない』というときがある。結構やらなくていいことが多いんですけどね」

たとえば、搾ったら濾過をして、火入れをして、と当然のように思っていると、「濾過はしなくていい」と言われたり、「洗米では何分つければいいですか」と訊けば、「何分ではなく、水分何パーセントでしょ」と返されたり、そんな場面が共同醸造ではたびたびあったのだ。

「基本的にはやっていることは一緒なんです。米洗って、蒸して、冷まして、酒母仕込んでとか。でも、お米を運ぶ動線、お米を晒しておく場所、仕込みの環境、一日の作業の流れなど、些細なことばかりですけど、それで最終的に変わってくるんです。最後に何がどう効いてくるのかはわからないんですが。

酒造りには回さなきゃいけないいろいろなツマミがある。麹、酒母、お米、吸水歩合、発酵温度などなど。あの蔵ではこんな麹づくりをしていたから、じゃあうちもやってみようと、ひとつのツマミだけを回してもバランスが崩れてしまうのは当たり前。慎重にいろんなツマミを回しながら、見よう見まねでやっているうちに、少しずつなんとかうちの蔵の形ができていったような気がします」

一方、「一白水成」の渡邉は、意図的に普通酒を残していた。もちろん、渡邉の蔵でも、純米酒と普通酒・本醸造酒の売り上げは、現在では九対一になっていて、一〇年前とは逆転している。「福禄寿」ブランドで売る普通酒・本醸造はそのほとんどが五城目町を中心にした地元向けである。

「やっぱり、地元に育ててきてもらったというか、秋田市内の小林さんや祐輔さんとはまた違う田舎なので、すぐにすべて純米化しなくてもいいんじゃないか、と。この辺で、熱燗となるとだいたいうちの普通酒になるんです。地域的にも北で寒いので、若い人たちも熱燗飲むんです」

こうして五蔵は純米酒路線を歩みながら、年々酒質を洗練させていく道を歩んでいた。

自社の田んぼの米で酒を造る

ここ数年で各蔵が最も力を注いできたのは、農業だった。原料米の調達方法を模索し続けてきたのだ二〇〇八年、「五城目町酒米研究会」を立ち上げた「一白水成」の渡邉は、それまでの三反歩（30ａ）から二五町（２５００ａ＝25ha）にまで、田んぼの面積を大幅に増やしていた。一挙に八〇倍に、である。

「研究会のつくる米は年々レベルアップしています。データ分析すると醸造試験場の先生も驚くような米ができている。ただ、研究会一〇名のうち二人は後継者がいない。三人はいるにはいるけど、継ぐかどうかはわからないという状態なので、その田んぼをどう引き継ぐかが問題なんです。私自身、農業者になって、農業法人の申請をしました。農家さんも先祖代々受け継いだ田んぼを誰も知らない人に明け渡すのには抵抗がある。やっぱり信頼関係が大事で。さらに受け継いだ田んぼも、たとえば『あきたこまち』から酒米の『酒こまち』に替えるとなると、やっぱり、理想の酒米をつくるまでにどうしても三年ぐらいかかってしまうんです」

農業法人の田んぼには、社員もかり出す。一〇月から三月は酒造りに当てられるが、それ以外の期間は田んぼにも出てもらう。社員の中には、実家が農家の者も多く、比較的作業には慣れている。酒造りと米づくりをともに並行して行っていくことがこれからの酒蔵のひとつのあり方だと渡邉は考えている。

山本も同様に、社員とともにすぐ近くにある自社の田んぼで田植えをし、稲刈りを行う。収穫量は、一〇年間で三倍以上に増えた。そのために、大型の精米機も買い入れた。「春霞」の米は、町内の数軒の農家と直接契約し、仕入れている。その九割方を町内で調達し、あとは県内の別の地区から入れている。

「農家さんに、あなたのつくったお米で、このお酒が出来ましたと言ったときの、テンションの上がり方はすごかった。想像をはるかに超えてました。やはり、自分の米が酒になったと思うと、モチベーションも上がるんです。そのとき、隣で聞いていた別の農家さんから『うちの米の酒はいつ出る』と訊かれて困っちゃったんですけどね。『お宅のはほかの米とブレンドしちゃった』とは言えず。でも、自分の米がどう使われているかがわかると農家さんも楽しいと思うんです」

その米も、地場の品種である「美郷錦」に徐々にシフトしている。いまや、触っていると米の違いが如実にわかるのだという。

「美郷錦が最高の酒米かと言われると、そうとも言えない。蒸し米のほどけ具合から言うと、やっぱり、山田錦のほうが柔らかくて何も力加えなくてもサラサラといく。美郷錦はその辺がやっかいで、今日はいいかなと思うと次の日は団子になったりするんです。いい米を触ったときはやっぱり、なんか気持ちがいい。ふわっとしてて。同じ美郷錦でも、初めての農家さんのつくったものと、そうでないのとでは雰囲気が違うんです」

一方、「新政」の佐藤は、農業においても攻めの姿勢を崩さない。全量秋田県産を使うのは当然のこととして、契約栽培の米を使う一方で、石油などの外部エネルギーに頼った「慣行農業」を否定し、二年前から無農薬栽培に乗り出しているのだ。いずれは一〇〇パーセント無農薬化するのが目標だ。

「秋田県産米と言っているけど、多くの場合、その米は、どこでつくられたのかわからない肥料や農薬で育てられているわけです。コンバインとかトラクターにしたって、それは秋田のものじゃない。慣行農業は石油から食糧を生産していると言われるわけです。一方、外部資源を使わず、その土地の自然に任せていると、つまり無農薬にすると米は一反あたり四俵しかとれない。石油エネルギーなどがいろいろと形を変えて、収量を上げているわけです。県外や他国の資源をつぎ込むことで倍増している。でも、そういったものは、自らの資源ではないから、やればやるほど農家は儲からない。収量を二倍にするためにはいっぱい機械を買わないといけない。結果だけ見れば米はたくさんとれているんだけど。そういうことを考えると、本当に地元のためになる酒造りって、そこまで切り込んだ方がいいと思った。無農薬栽培は収量は低いけど、肥料がいらないし、その土地のものだけでつくることができて、しかも美味しい。いろいろ難しいことはわかっているんだけど、自社田をつくって、無農薬栽培を開始したんです」

佐藤が自社田に定めた土地は、秋田市の中心部からクルマで三〇分ほどいった河辺地区にある山間農村だ。大又川と小又川という二つの川にはさまれた鵜養《うやしない》という地域。山に囲まれ、水が豊かで、これより上に人は住んでいないという最適の場所だ。景観もこの上なく美しく、心安らぐ。村の至る所を血管のような清流が流れ、大小様々な生物が生息する。茅葺き屋根の家も点在し、どこを切り取っても美しい土地なのだ。

二〇一七年、佐藤は、この鵜養で、亀の尾を使って無農薬栽培をスタートさせた。当面は三町。

この無農薬栽培に現地で責任者として取り組んでいるのは、なんと「新政」の杜氏である古関弘だった。酒造りが終わると同時に、借家に移り住み、ひたすら無農薬栽培と向き合っているのだ。

無農薬栽培、二年目の成果

古関は、朝四時半から五時には田んぼに入り、作業を始める。古関は「新政」の役員でもあるが、現地ではいち農民として自由裁量で働いている。

だが、一年目の挑戦は、失敗に終わった。

鵜養は、寒くて風通しが悪い土地でもあるのだ。冷害で「いもち病」が発生してしまったのである。

「ただ、鵜養でできれば、他のところでもできるから、一番難しいところでトライする意味はある」と佐藤はここでも勢いをそがれない。農薬の影響を目の当たりにすると、どうしても無農薬栽培に傾かざるを得ないのだ。

「農薬でバッタやイナゴなんか一匹もいなくなった田んぼもある。本当にあり得ないことですよ。農薬を撒いた田んぼと撒かない田んぼがあれば、撒かないほうに赤とんぼは密集する。農薬を撒けば、タニシはみんな死んで、貝殻だけの白い墓場みたいになる。あぜ道も砂のような道と草が繁る道と別のものになる。農薬は、本当にやばかったんだな、と実感するんです」

二〇一八年、佐藤と古関は、再度、無農薬栽培にチャレンジした。

九月上旬、吉報が入った。農薬を使うことなく、三町の田んぼで亀の尾が見事な稲穂をつけたのだ。

もちろん、この道が容易でないことは佐藤にもわかっている。

「農業は安易な気持ちで手を出すと、痛い目に遭う。でも、ある程度、無農薬栽培のノウハウが身についてくれば、量もとれるようになって、土も安定してきます。土壌の微生物と共生関係ができてくれば適度な栄養も得られる。逆に余計な肥料とかが土の中にいっぱい残っているような状態だと、雑草が生えまくってきて手がつけられなくなります。でも、土ができてくると、雑草も抑えられるし、雑草を抑えるための苗を植えるテクニックも使える。一〇年ぐらい経つと成果が出てくる。でも、一〇年って大変ですよ。最終的には、僕も移り住んだりしなきゃダメなような気がしています」

原料米の無農薬栽培にまで佐藤自らが乗り出すのは、酒が究極の嗜好品であり、多様で、個性的であるべきだと考えるからだ。

佐藤は、自らの酒を「作品」と称する。一本一本に崇高な思いを閉じ込める。大量生産品とは真逆のものを発表してきたという自負がある。

「この業界に入って、いまだによくわからないのは、みんなコンテストで勝とうとするんですね。でも、芸術の世界にコンテストって本来ないと思うんですね。しかも、規格品みたいなものをつくって競うというのは、芸術の世界ではまずまったくあり得ない。酒というのはもっと嗜好品であるべきだし、多様な個性の中で、特に際立ったバランスのいい特徴を持っているものが素晴らしいと僕は思っている。規格品の中でいかに欠点がないかという酒は、まるっきり違うものだと思っているから」

佐藤は、コンテスト用の酒は基本的に造らない。ただし、だからといって、全国新酒鑑評会の存在意義を否定するというわけでもない。事実、「新政」も出品し、何度か金賞を受賞している。出品するひとつの理由に、日々大変な思いをして酒造りをしている蔵人たちの励みになる、ということがある。が、もうひとつの理由は、あくまでも生酛で出品するというスタイルを貫き、業界に一石を投じたいという思いがあるからだ。山田錦を使って醸した大吟醸（つまりアル添された）の出品が主流の中で、古典的生酛で出品することに意義があると思っているのだ。生酛に対する誤解をとき、同時に日本酒の本当の姿とは何なのかを問いたいという思いもある。もっとも、その生酛に対して金賞が与えられたわけで、「香り高き大吟醸」をよしとする鑑評会の評価基準も変わりつつあるのかもしれない。

アナログ化への逆アプローチ

米、麹、酵母、あるいはすべての酒造りの工程を徹底的に考え抜き、そこに思想を投入すれば、同じ酒などできるはずもない、というのが佐藤の考えだ。

「他の蔵と同じ酒というのはまずあり得ないと思うんです。日用品や工業製品の世界だとそういうのは日常茶飯事じゃないですか。どこかでひとつのデジタルガジェットをつくったら、すぐにみんなが真似するとか。でも、僕は、そんなものを造るために帰ってきたわけでは断じてない。他の人が真似をしたければ、それはいいんだけど、自分はしたくないだけで。そもそも伝統的な造りをすれば、自ずと多様性は生まれてくる。そこをあえて押しとどめて、ある特定の形にして優劣を競うというのは、二重に作為的な感じがする。僕は、作為的に、技術を駆使して人と違うものを造ろうと思っているわけではないんです。酵母は使い古されたものだし、木桶にしてもそう。でも、こういうアナログなものを組み合わせると、やっぱり個性的なものになるわけです、現実として」

しかし、アナログを組み合わせることは、すなわち手間がかかるということでもある。無農薬栽培にしてもそうだが、佐藤はあえて手間のかかるほう、手間のかかるほうへと進み、身を置こうとしている気がする。

「この業界では、手間暇かけることは美徳ではないと思われている。まだ、いかに少ない人数で酒造りをしたかが、製造関係者からも賛美されていると思う。『あそこはあんな機械を入れたんですよ』とか、『設備投資を頑張っているからすごい』とか。でも、それはなんかおかしくないですか。それは本質的にその蔵に根付いたものとか、オリジナルの技術とか、感覚ではないでしょ。そんなものをありがたがってどうするんだ、という気がするし、やっぱり違和感がある」

佐藤の酒造りへの思いは、ひたすら「作品」へと向かう。

「僕だけじゃなく、絵描きも、服飾デザイナーも、小説家にしても、一線で芸術をやっている人が酒造りをしたら、自然にそうなるんじゃないですか。ただそういう人材がいないだけじゃないんですか。だから、誰でも酒造免許を取れるようになったら、もっとすごいやつがいっぱい出てくると思いますよ。本当の芸術家とかが造れば。偉大な才能を持っている人が入ってきたら、僕ごときがやっていること、こんなの当然だよね、ということになると思う」

佐藤のアナログ回帰は、原材料のみならず、さまざまな角度から進められている。たとえば木桶の復活もそのひとつだ。

現在、多くの蔵では、木桶に替えてホーロータンクやステンレスタンクを用いだしている。ホーローは、鉄にケイ素をコーティングしたものである。戦後からの流れだ。しかし、佐藤は逆に、帰郷から六年ほどして、杉の木桶へと少しずつスイッチしていく。四〇枚もの側板を竹釘でつなぎ合わせた大桶は、手入れをすれば一〇〇年以上は使える。現在は、一六台にまで増え、いずれはすべてのタンクを木桶にする意向だ。

しかし、実は木桶をめぐっては、大問題が起きている。

日本で唯一大桶をつくっていた大阪のウッドワーク（藤井製桶所《せいおけしょ》）の桶づくりに黄色信号がともったためだ。現状では、もはや桶づくりを継承できない、という事態に陥っていて、二〇二〇年に製造を中止することになっている。

「和を大事にとか、和食の時代とか、日本の伝統だとかみんな言っているくせに、全然伝統を大事にしていない。日本酒に限らず、醤油、味噌、みんな木桶を使ってきたのに、いま、木桶をつくるところはひとつしかなくて、それがなくなろうとしている。それって、非常に問題だと思うんです」

消えゆく木桶への抵抗

この憂うべき事態を前に、佐藤は、いま木桶の技術を自分が継ぐべきではないか、完全に途絶える前に、喫緊に木桶の会社を立ち上げたほうがいいのではないか、と思い始めている。佐藤の頭の中にはやるべきチェックリストがいくつもあるわけだが、木桶製作はその中でいまや最優先となっているのだ。自社でつくる大桶には、もちろん、秋田杉を使う予定だ。

佐藤とも交流があり、やはり、木桶の重要性を知る「ヤマロク醤油」では、「木桶職人復活プロジェクト」を立ち上げ、地元、小豆島の大工とともに職人がウッドワークに修業に出た。現在は、修業を終え、自らの醤油蔵で木桶を製作、すでに醤油も仕込んだ。

杉の木桶が酒にもたらす効果を佐藤は次のように考える。

一、酒に抗酸化成分ポリフェノールを供給する。
一、杉の香りは、リラックス効果が検証されている。
一、木そのものが発酵材料となり、複雑系発酵になる。
一、乳酸菌などの微生物が成育して発酵に多様な影響を与える。
一、杉は生育方法や場所によって、また部位によって成分が異なる。木や製法でさまざまな酒ができる。酒質の多様化に貢献する。

佐藤は、さらには、麹のつくり方も変えようとしている。

世の中では自動製麹機すら出ている時代に、佐藤は、あえて箱麹から蓋麹法に切り替えようとしている。ともに最上級の杉の木箱を使うものだが、箱麹の半分ほどの大きさの麹蓋を使って作業を行うため、当然、より労力を必要とする。夜中、箱の段を積み替えして温度調整を行う手間のかかる作業で、箱が小さければ、その分仕事は増える。

「面倒臭い仕事だし、同じものにならない。でも、それがいいんですよ、その複雑さが豊かさなんです。(『ゆきの美人』の)小林さんが全量、蓋麹なんです。だからやってみたい。師匠がやっているんだから。全量蓋麹といったら、日本でもほとんどいないんじゃないでしょうか」

木桶、生酛、六号酵母の親和性

二〇一二年に速醸酒母を撤廃し、山廃酒母を中心にすえた佐藤は、二〇一四年より、ついにすべての酒造りを「生酛」とした。最も伝統的な製法である。

「科学の対極にある領域にロマンティックさと可能性を感じているんです。生き物にはとんでもない能力が備わっている。どんな小さな虫けらでも。人間にももっとすごい能力があるはずなんだけど、科学のせいで矮小化されていると思うんです。人間が本来持っていた感覚とかが。

そういう意味で、科学のない時代に出来た生酛には、想像を絶するメカニズムがあるんですよ。酛摺《もとす》りというやり方もやりすぎると失敗するんです。ちょうどいいやり方をしないと。造る空間の温度は七度ぐらいじゃないとダメだし。理屈はいま、科学で説明できます。亜硝酸という成分をはじめに生じさせるのが、生酛における大切な技術なんですが、米や麹を摺りすぎると糖分が出すぎて、硝酸還元菌というのが増殖できないんです。すると亜硝酸も出てこなくなります。また気温が高い時期では、乳酸菌が早くから立ち上がってしまう。すると酸が出ますが、硝酸還元菌は酸にも弱いのでやはり増えることができなくなる……。これが理屈だけど、オリジナルで生酛を発明した人は、なぜそうなのかはわからないでやっているわけです。試行錯誤はしているはずだけど、試行錯誤をしたから出来るのか、という話でもなく。

いずれにしても、『理屈じゃない感覚によって体系立てている』みたいなことが人間にはあると思うんです。でも、科学的な立場で、非常に限定された言葉の中で白黒つけて考えなきゃいけないので、本来の可能性が狭まってしまっているところがあると思うんです。人間の能力には、第六感とか第七感とかが隠されていて、昔の人はそういうものを駆使して、酒造りをしていた。それにすごく憧れている。でも現代の科学的酒造りは、毎日もろみを調べて、酸度がいくらで、アミノ酸やグルコースがいくらでとやっているばかりで、気にするのは数字だけ。パソコンに数字を入れると、今日は水を何リットルうちなさい、と出る。すると、どの蔵も同じ酒になるんです。そんな酒造りをするために僕は戻ってきたわけじゃないんです」

佐藤が科学を無視して酒造りをしているかといえば、もちろんそんなことはない。誰よりも酒の科学を理解し、どういうシステムで成り立っているかを知り尽くしている。知った上で、よりアナログ的な、自身の直感をもう少し信じ、引きだせるような、あるいは、もっと根源的な背景を問うような酒造りをしたいと考えているのだ。

佐藤が実践する酒造りは、いま、ひとつの完成形に近づいている。

伝統技術が相互に強く関連することで、統一感のある、同じ指向性を持った、意志ある酒が生まれている。

木桶、生酛、六号酵母の親和性は極めて高いのである。

「もともと天然酵母だった六号酵母は、人為的な操作が行われていなくて、素朴で自然。昭和初期の生酛が盛んで、木桶で仕込んでいた純米酒しかない時代に生まれた酵母という点でもいい。しかも、個性的な酒ができる。いろんな意味で面白いです」

佐藤の酒は古《いにしえ》へ、江戸時代へと向かいながら、進化していく。後ろ向きに進みながら成長し、新たな酒を生み落とし続ける。

そんなふうに、常に繊細に、ときに大胆に変化をする「新政」だが、意外なことに、その味の軸は、まったくブレていない。「ゆきの美人」の小林は指摘する。

「酒を造っていると、同じスペックでも、もろみ一本一本全部違う場合もあるわけです。

ロットによって、うわー、これは甘くなったなというのもあるんです。もちろん、だからといって絶対にブレンドとかはしないですけどね。それが自然なんだから。ただ、蔵の銘柄での統一感っていうのは必要だとは思うんです。そういう意味で、秋田では『雪の茅舎』と『新政』が一番統一感がある。居酒屋でブラインドで飲んでも『新政』はわかると思う。それはやっぱり、使っているのが六号酵母で同じだからです」

「新政」の杜氏、古関も、同意見だ。

「うちは秋田県産米しか使わないし、酵母は六号だけ。軸足が決まってて、動かせない。うちみたいに、いろんなことをやる蔵で、軸足が定まってないで、お米もどこから持ってきてもいいです、酵母も何でも使いますとやっていたら、とっちらかっちゃう。社長がご先祖様の酵母、秋田の米と決めたことで、逆に自由にいろいろできちゃうんです。しかも、いろいろやっても『新政』という枠からは外れない」

もっとも、「自由にいろいろできること」が杜氏にとっては、安定した酒を出すという点で負担になることもある。古関が言う。

「僕は何度もレポートを出して、『ファクトリーとラボラトリーに分けてほしい』と言ってきたんです。社長はどんどん変わり続けていて、その変わる芯のところはブレないんだけど、市販の酒で実験はしないでほしくて。でももう、ちょっと諦めた。もう行くところまで行きましょう、という感じ。お客様にはちょっと迷惑をかけたりするけど、その代わり、精一杯いい酒を造るので、許してください、と」

佐藤のある種の革命的な酒造りは、日本酒界に衝撃を与え続けている。全量生酛造りという手法に移行してしまったことひとつとっても、もはや常識では考えられない路線を突っ走っている。

そして、革命はやはり、ときに人の心を揺さぶる。生酛に挑戦する蔵は着実に増え、また、すっきりした香りで酸が立った酒がとみに増えてきているのだ。さらに驚いたことに、木桶に回帰する蔵もちらちらと出てきているのである。

第8章
酒蔵をコミュニティの核に

フランス・シャンパーニュ地方での研修（2013年8月）

話は少しさかのぼる。

二〇一三年八月、「NEXT5」の五人は、研修旅行と銘打ってフランスに渡った。回ったのは、シャンパーニュとブルゴーニュの二地区。言うまでもなく、ワイン蔵巡りである。ブルゴーニュ地区では、主に赤ワインはピノ・ノワール、白はシャルドネの単一品種で醸造している。ボルドー地区のように数種類の品種をブレンドすることはしない。また、区画は細かく「クリマ」と呼ばれる区画畑に分かれる。たとえば、その中の特級畑「シャンベルタン」には、二〇人もの所有者がいる。

五人は、シャンパーニュからブルゴーニュ北端のシャブリ地区を経て、ブルゴーニュに入った。一日に二、三軒を回るのがやっとで、コーディネーターを立てて、四日間でおよそ一〇蔵を訪ねた。

ブルゴーニュで学んだこと

「一白水成」の渡邉が振り返る。

「ワインを学ぶというよりは、ワイナリーの思想、見せ方、考え方を見たかった。話をしていると、彼らは誰もが、自分たちの土地を自慢してくる、それが面白かった。自分たちの土地に絶対の自信を持っていて、この土地で造っているんだから、まずいはずないだろう、嫌だったら飲まなくていい、というぐらいの感覚でした」

刺激を受けた渡邉は、帰国すると、すぐに見学者を受け入れる態勢を変えた。

「それまでは、蔵の中を見せて、造る過程を説明して、設備自慢で終わる。酒蔵のある土地を見ないまま、ほとんどの見学者は帰っていたんです。そうじゃなくて、五城目のお城や、地元で活躍している陶器屋さんや金物屋さんとも一緒にやっているというところを見せるようにした。いかに土地を見せるか、風土を味わってもらうか。そんなことを考えるようになった」

「春霞」の栗林は、帰国後、原料米を地元でとれる「美郷錦」に特化していこうと改めて確認した。

「ワイナリーでは画期的な醸造方法を見たというよりは、地元のブドウでこつこつとやっているという印象を持った。どこの蔵も、ブドウが核にあるというのは同じだった。僕には以前から美郷錦だけで造るという目標があったんですけど、ブルゴーニュにもこの品種で、というこだわりがあった。お米はブドウと違っていろんなところから取り寄せて備蓄できるけど、せっかく美郷錦といういい米があるんだから、うちはそれでやっていこうと思いました」

現在、栗林は、山際の田んぼと平野部の田んぼの二カ所で美郷錦をつくり、それぞれの米を混ぜずに、酵母は自分の蔵でとれたもので醸造している。その名もずばり「栗林」だ。

「ワインでよくある、ドメーヌとかテロワールといったものを『栗林』という商品に詰め込みました。最近はいろんな蔵でテロワールを意識してやっているけれど、単に土地とお米と水だけじゃなくて、酵母も大きい。そういうのをひっくるめて、『春霞』のテロワールを表現できたらいいな、と思っています」

ブルゴーニュワインは、「ドメーヌ」と「ネゴシアン」の二つから供給される。「ドメーヌ」は、自分のブドウ畑を持ち、栽培し、自ら醸造する生産者。「ネゴシアン」は、複数の農家が栽培するブドウを買い取り、醸造販売する酒商だ。

現在の日本酒の多くは、「ネゴシアン」方式で造られている。福島の仁井田本家のように、早くから自社の田んぼを中心に自然米だけで造っている先進の酒蔵もあるが、これはまだまれなケースだろう。しかし、いま、他にも徐々に自分の蔵の田んぼでつくった米で醸造するという酒蔵が出始めている。少なくとも、「ＮＥＸＴ５」の志向はそこへと寄せられている。「ドメーヌ」化は、これからさらに進んでいくことは間違いなさそうだ。

また、ブルゴーニュを持ち出すまでもなく、酒蔵を核にした町づくりというのも、これからは酒蔵のひとつの役割となっていくのだろう。

渡邉は、早くからそれに向かって動いてきた。

五城目町は、もともと秋田杉を軸に成り立っている町だった。林業の衰退とともに会社は激減したが、いまなお林業に携わる人々は少なくない。渡邉は、酒造りに使う桶や麴室の壁面などにも、地元産の秋田杉を積極的に使ってきた。事務所で客に出す陶器もまた、五城目にある「三温窯《さんおんがま》」の陶芸家がつくったものだ。

五城目では、現在、移住者が少しずつ増え始めている。町をあげて推進し、また、民間でも「五城目町地域活性化支援センター」が廃校となった小学校を新たな拠点として、起業者らを受け入れている。

「移住してきた家族や、東京からやってきたコンサルタントや陶芸家によって、逆に五城目のよさに気づかせてもらったというところもあるんです。だからこそ、昔から住んでいる我々のような酒蔵がやっていかなきゃいけないことがあると改めて思った。それは、酒造りの文化はもちろん、米づくりの文化だったり」

そんな思いを表すかのように、渡邉は、二〇一八年、酒蔵の横に「ＨＩＫＯＢＥ」という二階建てのカフェをオープンした。もともと家具屋だったところを改装して建てたもので、テーブルなど秋田杉がいたるところでふんだんに使われている。

「一白水成」の蔵の前の通りでは、毎月、〇、二、五、七のつく日に「五城目朝市」が開かれる。地元の特産品がずらりと並び、多くの人が集まる。その訪れる人が一息つく場所があれば、と思ったのだ。もちろん、「一白水成」の試飲もできる。農業や発酵文化の発信拠点になれば、というのが渡邉の願いだ。ヒントは、ブルゴーニュのあとにやはり「ＮＥＸＴ５」のメンバーで訪れたアメリカ・ナパにあった。

「ナパのワイナリーでは、見学をした人たちが、そのあとに試飲したりして、みんなが楽しんでいた。五城目を訪れた人、朝市にやってきた人が酒蔵に立ち寄り、カフェでも何かを感じてくれればと思った」

一方、渡邉は、五城目に拠点を持つジーンズメーカー「エドウィン」の工場とのコラボで、「一白水成」の前掛けをつくっている。

「前掛けの在庫がなくなったとき、ふとエドウィンの工場があることを思い出した。それで知り合いの工場長にデニムで前掛けをつくってもらえないかと頼んだんです。五〇〇〇枚というオーダーに驚いてましたけど」

そこには、五城目にあるすべてのものと結びつくハブとして酒蔵を機能させようという意欲が見てとれる。

「目指しているのは、地元の人間が、あるいは移住者の方が、胸を張って、うちの土地のお土産だぞと持って帰れるような酒造りなんです。地元の若い人が地元にもいいものがあるじゃん、と思って興味を持ってくれたらなお嬉しい。そんな『メイド・イン・ゴジョーメ』を謳えるような酒造りをしたいし、そんな酒蔵でありたいです」

「新政」の佐藤もまた、数年前から着々と村づくりへのアプローチを続けている。

古関が無農薬栽培の米をつくっている鵜養地区の自社田を拡大しながら、いずれは、生酛、天然酵母だけで酒造りをする酒蔵を建てたいと思っているのだ。建築様式は、生酛、天然酵母に相応《ふさわ》しい伝統建築。さらには周辺の茅葺き屋根の民家のメンテナンスを行いながら、技術を獲得。いずれは、木桶工房の建設も行う。これら米づくり、建築、酒造り、木桶製作には当然、多くの人手が必要となり、若い移住者が求められる。

これらの核として酒蔵が機能していくわけである。

「ここに小さい蔵をつくって、夏場は田んぼして、冬場に酒造りする。この地域の中で完結していいんじゃないかと思う。そして、もうひとつ本心を言うと、あの鵜養の美しい景観を維持したいというのもある」

壮大な夢とも言えるが、佐藤がこれまで短期間で成し遂げてきたことを考えると、加速度的に実現していくのではないか、という気もする。意外に早く「新政村」は現出するのかもしれない。

共同醸造酒の新たな展開

五蔵が二〇一〇年に始めた共同醸造は、現在も継続されている。

最初の五本、つまりホスト蔵を一巡させ、出来上がった酒は、以下のようにネーミングされた。

「Beginning 2010」（新政）

「Passion 2011」（ゆきの美人）

「Emotion 2011」（一白水成）

「Echo 2012」（春霞）

「Shangri-la 2013」（山本）

毎年、ホスト蔵を決めて、そこに集まり、仕込み担当、原料処理担当、酒母担当、麹担当、もろみ担当にわかれ、技術交流をはかりながら造る。それぞれの蔵で使う普段の水や酵母、米とは異なるため、新たな発見も少なくなかった。

しかし、「新政」の佐藤は、一巡したところで、共同醸造をやめようと考えていた。

「技術交流的にはもうやり尽くしたというか、五年でみんなうまくなっていた。『山本』を飲んでも、『春霞』を飲んでも、レベルは十分高かった。スタートした当初は、アルコールを一八度も出してて、酵母死んでいるよ、とかぼろくそに言うようなことがあったんです。でも、それがもはやなくなって。日本中の酒をみんなで三、四〇本買ってきて、利き酒をすると、上位五本が『ＮＥＸＴ５』だったりする。そうなると、共同醸造でもっと上をみんなでめざそうとかじゃなくなってくるし。だから、僕と小林さんは、もう共同醸造はやめようと言ったんです。新しいトライをしないで続けていることに僕は耐えられなかったし。でも、みんなはこれで日本酒の世界に初めて触れたという人もいるし、継続したいということで、続けることになった」

一方、「春霞」の栗林はこう言う。

「僕のところは、どん底の時期から比べたら、自分の給料も振り込めるようになったし、自分の出張旅費も出るようになっていたけれど、他の四蔵がもうそれどころじゃないスピードで大きくなっていってた。経営の規模もそうですが、やろうとしている酒造りもどんどん進んでいて。特に祐輔君なんか、去年言ったことと今年やっていることが全然違ったり。去年彼が言ったことを僕は今年実践しようとしているんだけど、彼はまたその先に行っちゃった、みたいな。頑張って食らいついていくしかないな、という感じです。でも、そんなことをやっているうちに酒質は、十年前と比べればいい意味で変わってきたと思います」

共同醸造によって、刺激は間違いなく生まれているわけだが、佐藤の意識は、より過激なほどの前のめり感を持って、すごいスピードで突き進んでいく。

佐藤は、新たなステージでの刺激を求めていた。提案したのは、次のようなスタイルだった。

「共同醸造という概念を少しふくらませて、別のジャンルの一流の人と、一緒に酒造りをする。それによって、技術的なことではなく、感性が磨かれて、新しい酒ができるのではないかと考えた。我々も他の業界を知ることで勉強になるし、他の業界の日本酒好きな方と組むことで、他の業界のファンもつくし、新しい販路も拓ける。そういう副産物のある取り組みをしたいと思った」

この佐藤の提案によって、共同醸造酒は、新しい段階に入っていく。

音楽家とのコラボで生まれた共同醸造酒

二〇一五年年始、佐藤は、この第二期共同醸造酒の最初の一本にとりかかる。

「蔵元の趣味を反映した酒にすることになって、僕は、大学のときから好きだった、テクノのリッチー・ホウティンさんとのコラボにした。彼は自分のライブで日本酒のバーをつくって酒を振る舞うというツアーをアメリカとかでやっていた。リッチーにどういう酒がほしいか、自分のバーで出すならどんな酒がいいか、と訊いて設計に入っていった」

リッチーが望んだ酒は、「トラディショナルな日本酒のスタイルで、かついまの味を見せてほしい。ミニマルなものなので純米にしてほしい」というものだった。

佐藤は、「生酛木桶」で造ることをすぐに決めたものの、それはすでに自身の蔵で醸している。佐藤は、これをオーク樽《なら》で熟成することにした。

それはいつも以上に神経をすり減らす作業だった。

「生酛は神経使うんです。この頃には生酛のスタイルができていたとはいえ、もし変な生酛が出来たら共同醸造酒はお釈迦になるんで。リッチーに来てもらってたし、搾ったあとにオーク樽に入れるかどうかもあって、並のプレッシャーじゃなかった。自分の酒だったら、ダメなら出さなきゃいいんだけど、人がからんでいたから」

二月五日、他の蔵の四人に生酛を伝授し、あとはアメリカンオークの樽に酒を入れればいい、という段階で、病が蔵元を襲う。パニック障害に陥って倒れてしまったのだ。歯止めのきかないADDの二次障害とでもいうべきものだった。さらに、ひどい不安障害がそれに続いた。日常的にオンとオフの境目がなくなり、結果的にオンで走り続けてきたことの反動だった。心療内科に通い、安定剤を飲んだりしたが、結局、症状を一年ほど引きずってしまう。自ら麴屋をやっていたときに、夜中に何度も起きて麴を見なければならなかったため、慢性の睡眠障害も発症していた。

そんな追い詰められた、不安定な精神状態の中で造った酒は、しかし、なんとも言えぬ透明感とまろやかさを湛《たた》えた素晴らしい第一級の酒に仕上がった。

佐藤は、「ENTER. SAKE」と銘うった共同醸造酒につけた解説書で次のように明かしている。日本酒文化をさらに高めようとしている佐藤の志がよく伝わってくる。

「2010年に始まった『共同醸造酒』は、五蔵の技術を結集し、統一ブランド『NEXT5』の酒を造るプロジェクトでした。前回の〝Shangri-la 2013〟にて全蔵での醸造を終え、このたび二巡目に入るにあたり、我々は次のステージに進むべき時がきたことを感じていました。

これからは、他のジャンルのアーティストと『共同醸造』を行うことで、日本酒の啓発ならびに、新しい日本酒の姿を探求してゆくことが我々の目的となりました。今回、偉大なる音楽家Richie Hawtin氏とのコラボレーションが実現できたことを大変嬉しく思います。

我々が今回重視したキーワードは『東西文化の融合』、『伝統と革新の共存』、『ミニマリズムとカオス』です。これらを体現するために、〝ENTER. SAKE〟は、一般の日本酒にはみられない複雑な工程を経て醸されることになりました。

まず江戸時代に生まれた伝統的手法である『生酛造り』を酒母製法として採用いたしました。もろみは、樹齢百三十年の杉桶にて、長期間の低温度発酵を行いました。さらに出来上がった酒は、楢樽（アメリカンオーク）にて貯蔵・熟成させております。我々は、徹底的に自然な製法と素材にこだわりながら、同時に先鋭的な香味を表現すべく努力をしました。

このお酒が、音楽と日本酒をつなぐ架け橋となることを祈っております。」

これにリッチー・ホウティンの言葉が続く。ホウティンは、世界に日本酒を広める活動を続けている音楽家。「ENTER. SAKE」には設計段階から携わり、醸造中のもろみを確認するため秋田も訪れていた。

「（前略）ENTER. SAKEは、世界中の日本酒を嗜んだことのない若者たちにおいしい日本酒を届け、紹介していくことをプロジェクトのミッションとしています。若者が初めて聴いた音楽を人生をかけて愛していくように、若者たちに日本酒を早く見つけてもらい、人生をかけて愛してもらえるきっかけを提供したいのです。現在日本で最も独創的であり、興味深い酒造りをされているＮＥＸＴ５とのコラボレーションに大変興奮しています。この限定酒を楽しんでください」

日本酒の可能性を広げるべく、「ＮＥＸＴ５」が動き出した、ということを強く感じるメッセージである。

佐藤は自身の心身を痛めながら、日本酒の次のステージを提示する一本を生み出した、ということになる。

その後もアーティストの村上隆や建築家の田根剛らとのコラボレーションによって共同醸造酒は継続された。

二〇一八年は、陶芸家とのコラボレーションで純米大吟醸の「hyougemono 2018」が共同醸造された。『へうげもの』は、古田織部を主人公にした漫画だ。古田織部は、器革命によって日本の宴席文化を盛り上げた大名であり茶人。当然、酒との関わりも深く、コラボと相なった。「激陶者集団へうげ十作」をはじめ、若手陶芸作家四九名による酒杯と「ＮＥＸＴ５」共同醸造酒のセットで販売される。

「ＮＥＸＴ５」は、一一月の発売に先立ち、渋谷の二つのバーを貸し切って、九月一五日に前夜祭を開催。五蔵の酒と器を味わいながら、陶芸作家と蔵元のトークショーを楽しんだ。まさに、「新しいジャンルの開拓」だった。

一方で、「ＮＥＸＴ５」がここ数年、盛んに行ってきたのが料理店とのコラボレーションだ。

「ＮＥＸＴ５　ペアリングディナーショー」と銘打ち、五蔵それぞれが秋田もしくは東京の五店の飲食店を貸し切り、自分の蔵と料理を合わせて会費制で提供するというもの。居酒屋や鮨屋のみならず、洋食店も参加した。

二〇一八年一月を最後に終了したが、毎回盛況で、これもまた確実に新しい層を日本酒の世界に呼び込む役割を果たした。

「ＮＥＸＴ５」は、秋田と東京をベースに、日本酒の可能性を広げる試みを行い続ける。

ブランドの新たな展開

一方で、海外からの引き合いも強くなっている。「ＮＥＸＴ５」のイベントにわざわざ海外からやってくる熱狂的外国人ファンもいる。

日本酒全体の売り上げは、前述のように、右肩下がりだが、純米酒などの特定名称酒に関しては、ほぼ横ばいである。さらに、輸出ということでいえば、毎年少しずつ伸びている。世界が日本酒に注目し始めていることの証左だ。

五蔵の酒は、いずれもなんらかの形で輸出されているが、そのスタンスは微妙に異なる。輸出に対して比較的細やかに対応してきたのは、「山本」だ。山本が造る「ブラックピュア」が海外で人気なのだ。現在、韓国、中国、台湾、香港、シンガポール、タイ、マレーシア、オーストラリアに輸出しているが、他の国からも引き合いは多い。山本に限らず、各蔵が心配するのは、どういうコンディションで届けられるか、ということだ。温度管理が悪くて味が変わってしまった酒を口にされるのが最も怖い。

「リファーコンテナに積んで出すわけですが、現地でも常温で置かれるようなところには卸していません。何回か来日されたパリのロブションには、絶対にフランスで受けるからと請われ、出しています。オーストラリアのインポーターには、『日本料理屋さんにはそんなに入れなくていい。むしろ、ワインバーの白ワインの横に置いてほしい』と言っています。いまはUAE、ニュージーランドからも是非と言われています。現地の人がどんなスタイルで日本酒を口にするかが面白い。一切、先入観がない飲み方をしますから」

もっとも、実際には、全売り上げの四パーセント程度が輸出に回されているにすぎない。

山本には、五パーセント以下にとどめたいという思いがある。ただでさえ応じきれていない国内の需要をないがしろにしたくないからだ。それは五蔵共通の思いでもある。

「NEXT5」発足から丸八年が経ち、それぞれの蔵は、それぞれの方向性を探りながら、歩み続けている。共通しているのは、需要が供給に追いつかないということ。そのため、ネット上では、不当な高値で取引されるという不本意なことも起きている。

一方、ここ数年で急速に全国の蔵の酒質が上がってきていることも事実。美味しいのは当たり前のこととなり、その先の各蔵の個性が問われる時代に入ってきているのだ。「NEXT5」が求め、提案してきたオリジナリティある酒は、いまやどこの蔵にとっても大事なテーマとなっている。原料、酒質、デザイン、酒に隠された地域の物語――。これらを追究し、独自のスタイルを織り込むのが現代の日本酒にとっては必須というところまできている。

栗林がこう言う。

「この間、仙台サミットに行って、八〇蔵ぐらいの利き酒をし、昨日は秋田市で秋田県内の六〇銘柄ぐらいの利き酒をブラインドでしてきた。そこで思ったのは、以前はうちも負けていないというのがあったけど、年々そういうのがなくなってきているということだった。どこも酒質が上がってきていたんです。じゃあ、そこから先をどうするかというレベルにみんながなってきている。うちの場合は、水、酵母、麴、米と、亀山杜氏時代の素材ありきでやってきたわけで、そこをどう伸ばしていくかということだと思う。もともとうちの酒は、あまり特徴らしい特徴がなかったんですけど、たとえば、米は、美郷錦を中心にして、そこから酒造りを考えていく。美郷錦は素直な米なので、蔵の個性を出しやすい。その扱い方をこれからもどう突き詰めていけるかなんだと思っています」

「一白水成」の渡邉もまた、独自のスタイルをいかに打ち出していくかに知恵を絞る。

紙パックの酒の売り上げが激減していることは先述の通りだが、長らく地元の愛飲者のためにとやってきた福禄寿の紙パックを、まもなくやめる。

「紙パックの業者がもうパックをつくらないと言っているので、その理由でうちもやめようか、と。うちは、普通酒にも酒米を使ってきたし、冷蔵貯蔵もしている。契約栽培だから、等級外になったお米も全部引き取って買ってきた、それをずっと普通酒に回していたけれど、それはなくなります」

先代までは「福禄寿」だけのブランドで酒を売ってきたわけだが、そこに純米酒「一白水成」の新機軸を加えたのが二〇〇六年のこと。いま、さらなるすみ分けを迫られている。「福禄寿ブランドは、五城目町でしか飲めないお酒にしようかと考えている。生酛山廃をいまの『一白水成』では表現したくなくて、それを福禄寿ブランドで今後やっていこうか、と。社員には、いずれは生酛山廃ができる技術を磨こうと話しています。本来の日本酒って何かって考えると、やはり生酛山廃に行き着く。でも、何の知識もないのに始めたりするのは怖い。

うちはどこで『一白水成』らしさを出していくかが一番大事なこと。酒米研究会のつくるお米の旨み、綺麗な旨みを出していく味もそうだけど、特にスタイルをどう追究していくか。いま考えているのは、秋田五城目を酒の中にどう活かしていくか、それに尽きると思います」

渡邉より九歳年上の山本は、二〇一七年、酒造りの現場を離れた。

「それまで、全部ひとりで抱えていたんですね。製造計画もそうだし、麹も泊まり込んでやって、酵母も、搾りもすべて。もちろん、それぞれの工程にスタッフはいるんだけど、全工程を見ていた。その負担で、日中めまいを起こしたり、免疫力も落ちてインフルエンザにかかったりしていた。これは会社としてリスクが高すぎる、いま俺が倒れたら終わってしまうと思ったんです。自分がシーズンの途中ぐらいからいなくても、とりあえず、作業ができるように、みんなに教えておかないと危険だと思った。

いまは、製造計画はもちろんやるし、搾るタイミングとかも見てますが、実際の作業は酵母の培養だけです。山本がいない『山本』は、たぶんブランドとしての魅力はないと思うんです。だからいまは、経営者として健康でいないと、と思っています」

山本は、地元の若い働き手たちに思いを馳せる。

「経営者としてはもちろん品質をよくしなきゃいけないというのは常にあるんですけど、従業員のモチベーションをあげて、できるだけ高い給料を払い、誇りを持てるような会社にしたい。ここら辺はもう、人口七〇〇〇人もいない過疎の町で、いい給料をもらえるところは、役場とか先生とか公務員系だけなんです。だから、二〇代のスタッフに、公務員よりもらえるようにするから、頑張ろうって言っているんですけどね」

日本酒を文化へと醸す「NEXT5」

「NEXT5」の五蔵がわずか八年でここまで広く浸透し、首都圏で人気酒となったのは、五蔵が刺激しあって酒質を高め、束になって首都圏への販路をこじあけ、秋田ローカリズムを高々と掲げたからだ。

山本はこう言う。

「いままでの酒造業界で、グループでみんなでブランディングを共有して、五蔵で短期間でよくなったというのは、なかった。年齢は違えど、本当に奇跡的だと思う。自分の蔵は、普通だったらとっくに潰れていたと思う」

「天洋酒店」もまた、「NEXT5」によって少なからず恩恵を受けたという。

「うちは、ビールをはじめ日本酒以外の酒を一九九七年にやめたんだけど、日本酒オンリーにしたとたんに売り上げが半額以下になってしまった。とても飯を食える状態じゃなかったわけだけど、『NEXT5』が世の中に出て、若い人が店に来てくれるようになって持ち直した。それまでは、店にやって来るのは、私の前後一〇歳ぐらい、つまり五、六〇代だけでした。ましてや、若い女性がひとりで日本酒を買いに来るなんてことは考えられなかった。また、以前は県外九割に県内一割だったのに、いまは県外六割、県内四割になった。県内の需要が伸びたんです。もうこれらは、間違いなく『NEXT5』による効果です。その結果、売り上げがおかげさまで五倍になりました」

東京・代々木上原の日本酒居酒屋「潮待ち」の店主川島好雄は、「ＮＥＸＴ５」の酒と出会ってからというもの、積極的に店でも五蔵の酒を提供し続けている。休みをとって、「春霞」や「新政」の蔵見学にも出かけた。どこが魅力なのか。

「どの蔵も酒質が洗練されているんです。あのお酒を嫌いというお客さんはそうそういない。食事の邪魔にもならずオールマイティ。もちろん、美味しくて綺麗な酒というのは、ほかにもありますけど、一般層をぐっと引き込んだり出来るパワーはなかった。うちでは、常に『ＮＥＸＴ５』のどこかの蔵のお酒は切らさず置くようにしています」

共同醸造酒が発表されれば、入手して提供する。

「でも、原価が高いので、『ＮＥＸＴ５』が本当に好きなお客さんにだけ、ほとんど原価で出しています。普通に出したら一杯がとんでもない値段になっちゃうので。もう自分の趣味みたいなものでコレクションしているんです」

「潮待ち」では、「新政」の「Ｎｏ・６」の四合瓶を定番酒とし、共同醸造酒の空き瓶は店のインテリアとして並べられている。

そんな根強いファンを持つ「ＮＥＸＴ５」は、これからどこに向かうのか。

「ＮＥＸＴ５」が出来て四年ほど過ぎたとき、リーダーの小林から「メンバーは固定でなく変えていくべき」という話を聞いたことがある。県内の若い蔵元を入れていってもいいのではないか、と。

渡邉はこう言う。

「コラボに関しては、他業種との可能性、日本酒ってこういう業界にまだまだ入り込めるんだ、一緒にできるんだという部分はあります。自分が『ＮＥＸＴ５』に入ってよかったと思えるのは、自分の会社を客観的に見られるんです。『一白水成』は、もっとこうしたほうがいいんじゃないかな、とか。そうやって、改めて自分の蔵の方向性とかを考え直せる場所だな、というのはすごく感じる。でも、メンバーに関しては、これから変えていかなきゃいけないし、また、変えるメンバーが出てきてもらわないと秋田もまずいと思うので。次の世代に繋げていきたい」

佐藤は、こうも言う。

「他業種の人々と一緒に仕事をして、ものすごい勉強になりました。村上隆さんとかとつきっきりで仕事をしたわけです。あの天才的なアーティストと。パリの田根剛さんも、ずば抜けた世界的な建築家です。彼は隈研吾さんの後に続いて次世代に君臨するだろう建築家です。とても物腰の柔らかい方ですが、瓶の作成時は瓶メーカーと喧嘩になるくらい激しくやりあったと聞きました。ものづくりの発想とか姿勢なんかを学ばせていただきました。ただ、僕自身は、飽きっぽいから、『ＮＥＸＴ５』も役割が終わったら、やめちまえばいいと思うんです。でも、長く続くことによって、ずっとやっていることで、ローリングストーンズみたいに、何か新しいことをしなくても、絶えず続いていること自体が大事だという例もあるわけで……。逆にいきなりぱっと解散するのも美しいかもしれないし……」

「ＮＥＸＴ５」が果たした役割は、日本酒を単なる嗜好品にとどめず、文化の領域まで持って行ったことだろう。もちろんそれは、すでに他の先鋭的な酒蔵もまた手がけてきたことではある。しかし、同じ地域の五蔵がそろって同じ方向に向かって駆けだしたことで、その勢いは何よりも力を得て、さまざまな困難を突破していったのである。

しかも、それは、たった数年で起きたことだったのだ。

エピローグ——あとがきにかえて

初めて私が「ＮＥＸＴ５」の日本酒を口にしたのは、二〇一四年二月二六日のことだった。「ＮＥＸＴ５」が結成されてすでに四年近くが過ぎた頃である。

この日、鉄道関係者との会合があり、先方から指定された新橋「しまだ鮨」へと向かった。初めて訪ねる店で、わくわくしながら暖簾をくぐった。

カウンター席に座り、ビールを入り口に、博多「やま中」出身の山中強司さんが繰り出す五島のシメサバ、平貝の磯辺巻き、青森の殻付きウニやらを堪能しつつ、日本酒へと移行していく。小さな手書きのメニューを手渡され、相手方から「お任せします」と促された私は、「上喜元」など銘酒がずらりとならぶ中から、「では飲んだことがない、この秋田の酒を」と指名した。

それが「新政」だった。

「Ｎo・６　Ｓタイプ」——。

一口含んだとたん、衝撃が走った。それはかつて味わったことのない飲み口の酒だった。

アルコールが口の中で暴れることなどもちろんなく、刺すこともなく、喉を通り過ぎていく。洗練された軽い酸味と甘味。香りは高くない。かといって水っぽいわけでは決してなく、しっかりと旨味は伝わってくる。なんだこれは、と何回となく舌で酒をころがしてみた。私は一発で魅了されていた。

人生には、ときどき、こうした劇的な出会いがある。人、文学、音楽、風景、そしてもちろん食べ物、酒……。しかし、私は、かつて日本酒でここまでの衝撃を受けたことはなかった。

他の事象でもそうだったように、一目惚れをしたら最後、とことん知りたくなるのが常で、私は、この日を境に一気に「新政」フリークの道を走り出す。

翌日、すぐに「新政」を調べ、「No・6」にはRタイプ、Sタイプ、Xタイプと三種類あることを知り、私は、まずは一番廉価であるRタイプの一升瓶をオーダーした。

翌日から、ワイン七に日本酒三だった家で飲む酒の割合が逆転する。「新政」七にワイン三という割合に転じたのである。

二〇一四年の一年でどれだけ「No・6」をいただいたかはわからない。とにかく、大量に飲んだ。もし、「No・6」と同レベルのワインを飲んだとしたら、とんでもない金額になるはずだが、そこそこのワインの二分の一ぐらいの価格で一升瓶が手に入るのだからたまらない（のちに、四合瓶でも同じ一五〇〇円であれば、日本酒のほうが質が高いものが多いことを知る）。

しかし、翌年になって状況は変わる。まず、「新政」が「Ｎｏ・６」の一升瓶を個人向けには売らなくなった。生酒であるにもかかわらず、ユーザーが冷蔵で保存しなかったりというトラブルが少なからずあったのだろう。個人で飲む量は限られており、長期間冷蔵しなければならない一升瓶は、不向きでもあったのだ。飲食店にしろ一升瓶が売り切れるには時間がかかるもので、生酒には不利な環境だ。いずれにしても、出荷する側からすれば、味の劣化は許しがたかった。細心の注意を払って造り出した繊細な味が台無しになる。

やがて、一升瓶そのものが消えた。

さらに少し時間をおくと、もっと困った状況になった。「Ｎｏ・６」自体が極端に入手しにくくなってきたのである。秋田をはじめ、いくつかの酒販店からインターネットを通じて取り寄せていたのだが、どこもクリック一発で買うことができなくなり、直接電話でお願いするか、他の酒とともにセットで買うしか方法がなくなったのだ。

東京の大きな酒販店に行っても同様だった。最初のうちは、冷蔵庫の奥の見えにくい場所に置いてあったものが、ついにはそれもなくなり、常連しか買えなくなった。

とんでもない希少品になってしまったのだ。

そんな中、「ＡＥＲＡ」から思いもかけない仕事が舞い込んでくる。ある日本酒の有名蔵元を取材して、人物ノンフィクション「現代の肖像」で一本長いルポを書いてほしいという依頼だった。その蔵元の酒は何度か口にしていて、透明感があって美味しく、嫌いではなかった。しかし、私には、「新政」が目下のところ至上の恋人である。私は、その旨を伝えた。すると、すんなりと変更は了承された。編集担当者もまた、たまたま「新政」のファンになったばかりだったのである。

こうして「新政」、つまり佐藤祐輔さんへの取材が始まった。二〇一四年九月のことだった。

この人物ルポページは文字量も多く、一回二、三時間のインタビューを数回にわけて行うのが通例だった。かなりの密着度で、私の中では、雑誌版「情熱大陸」という気概で取材に臨むのが常だった。相手が疎まない限り、いつまでも話を聞くことができるのだ。

また、周辺取材をかけることが義務づけられていて、これも人数制限は特になかった。

つまり、佐藤祐輔さんの周りにいる人に対して、取材を名目に片っ端から会えるということだった。それはすなわち、単行本一冊分ぐらいの取材ができてしまうということにほかならない。

秋田で取材に入った私は、佐藤さんのインタビュー以外にも「一白水成」の渡邉康衛さん、「ゆきの美人」の小林忠彦さんを訪ね、話を聞いた。道中ガイドしてくれたのは、佐藤さん自身だった。「新政」の杜氏、古関弘さんにも話を聞くことができた。私は、「新政」フリークから、またたくまに「NEXT5」ファンになっていた。

素材はもう十分すぎるほど集まり、原稿を書くモチベーションは、いつもよりずっと高かった。もっとも、この頃から、佐藤さん自身の体調はどん底へと向かっていたということをあとで知る。本文でも書いた通り、「NEXT5」の共同醸造酒のことやら、いろいろなことが重なり、参っていたのだ。調子づいた私の取材ももしかしたら負担になっていたのかもしれない。

半年ほどの休養を経て、佐藤さんは現場に復帰。その年の秋に、今度は、「週刊ポスト」のグラビア企画で秋田にお邪魔することになる。「NEXT5」の五蔵を取り上げた八ページの記事だ（写真家は各章に扉写真を提供していただいた今津聡子さん）。

五蔵を周り、蔵元の皆さんに蔵を案内していただき、話を聞くというこれまた贅沢な数日間だった。

すでに何度も蔵を訪ね、何時間もお話を頂戴していた佐藤さんは、このとき、いずれ酒蔵をつくるかもしれない、という村に連れて行ってくれた。本文で出てくる鵜養《うやしない》だ。契約栽培の田んぼを左右に眺めながら、行き着いた土地は、心安らぐまさに風光明媚な村だった。点在する家々の間をぬうように水路が走り、水音が清々しい。冬場は大変だろうな、と思うも、その雪解け水がまたこの地を潤しているのだろうと納得する。佐藤さんは「日本のマチュピチュ」と表現したけれど、この地区の先には人里がないことを考えれば、それも合点がいく。

この村とその周辺の風景は、近くの山の上から俯瞰できる。佐藤さんは、そこからの景観をこの上なく愛していた。また、すぐ近くには、水量豊かな大又川が豪快に山間を流れ、ここも絶景だった。「ゆきの美人」の小林さんが仕込み水としている秘密の水源のすぐそばだ（おそらく）。

「ＮＥＸＴ５」を支えているのは、これらの豊かな土地の米であり、水なのだということもよくわかった。

秋田通いはその後も続いた。最初の人口消滅県などと揶揄される秋田だが、山の幸、海の幸、抱える自然を活かせば、そんな汚名も払拭できそうな気すらした。もちろん、構造的な変化だから、そう簡単にいかないのはわかっている。しかし、「ＮＥＸＴ５」というたった五人の男たちが風穴をあけたことで、秋田も日本酒界も大きく動いたように、転じる可能性は秘めているのではないか。というか、そこに希望を持つことで、いまいる社会が、目の前の暮らしが、豊かになるのではないか。少なくとも、「ＮＥＸＴ５」の周辺にいる何百人、何千人かの心は、五蔵の高い志を味わい楽しんだことで、豊かになったわけだ。

まあ、東京で暮らす人間があれこれ言っても仕方ない。少なくとも、私は「ＮＥＸＴ５」ファンになり、秋田県ファンになった。

ちなみに、私が秋田のお酒を頼んでいるのは、五蔵の酒がすべて揃う北秋田市にある「佐金酒店」。ここで五蔵の酒を順次オーダーする。また、ここには五蔵以外の秋田の酒がいくつもあって、ときどき手を伸ばしてきた。今度は今回お世話になった能代の「天洋酒店」にもお願いしてみよう。

日本酒には、人の舌と心を震わし満たすだけでなく、地域や町すら動かしていくはかり知れない力が潜んでいる、ということを私は五人から教わった。

「ワインのテロワールとか、自然環境との共存とか言われて、有り難く拝聴してきたけど、江戸時代の日本酒にはすでにそんなものは備わっていたし、むしろ進んでいたんです」

佐藤祐輔さんの至言である。

新政

新政酒造株式会社
代表取締役社長　佐藤祐輔

〒010-0921　秋田県秋田市大町６丁目２番35号
TEL 018-823-6407
FAX 018-864-4407
http://www.aramasa.jp

春霞

合名会社栗林酒造店
代表社員・製造責任者　栗林直章

〒019-1404 秋田県仙北郡美郷町六郷字米町56
TEL 0187-84-2108
FAX 0187-84-3570
https://harukasumi.com

ゆきの美人

秋田醸造株式会社
代表取締役社長・杜氏　小林忠彦

〒010-0021 秋田県秋田市楢山登町5-2
TEL 018-832-2818
FAX 018-831-1345

山本（白瀑）

山本合名会社
六代目蔵元・代表社員　山本友文

〒018-2678 秋田県山本郡八峰町八森字八森269
TEL 0185-77-2311
FAX 0185-77-2312
www.shirataki.net

一白水成（福禄寿）

福禄寿酒造株式会社
代表取締役社長　渡邉康衛

〒018-1706　秋田県南秋田郡五城目町字下タ町48番地
TEL 018-852-4130
FAX 018-852-4132
http://www.fukurokuju.jp

【著者略歴】

一志治夫 いっし・はるお

一九五六年長野県松本市生まれ。東京都三鷹市育ち。講談社「現代」記者などを経て、一九八九年『たった一度のポールポジション』（講談社）でノンフィクション作家としてデビュー。『狂気の左サイドバック』で第一回小学館ノンフィクション大賞受賞（新潮文庫収録）。主な著書に『魂の森を行け　3000万本の木を植えた男』（新潮文庫）、『失われゆく鮨をもとめて』（新潮社）、『幸福な食堂車　九州新幹線のデザイナー水戸岡鋭治の「気」と「志」』（プレジデント社）、『旅する江戸前鮨「すし匠」中澤圭二の挑戦』（文藝春秋）など多数。

美酒復権

秋田の若手蔵元集団「ＮＥＸＴ５」の挑戦

二〇一八年一二月三日　第一刷発行

著者　一志治夫

発行者　長坂嘉昭

発行所　株式会社プレジデント社

〒一〇二-八六四一

東京都千代田区平河町二-一六-一　平河町森タワー13Ｆ

http://www.president.co.jp/

電話　編集（〇三）三二三七-三七三七

販売（〇三）三二三七-三七三一

編集　本西勝則

販売　桂木栄一　高橋　徹　川井田美景　森田　巌　末吉英樹

制作　小池　哉

印刷・製本　株式会社ダイヤモンド・グラフィック社

ISBN 978-4-8334-5138-3

Printed in JAPAN